MAX BOUCARD

EN DAHABIEH

PARIS
LIBRAIRIE MONDAINE
JOSEPH DUCHER, ÉDITEUR
9, Rue de Verneuil, 9

1889

EN
DAHABIEH

IL A ÉTÉ TIRÉ

*Trois exemplaires sur papier du Japon
numérotés à la presse (1 à 3)*

MAX BOUCARD

EN
DAHABIEH

ILLUSTRATIONS
DE
FÉLIX RÉGAMEY

PARIS
LIBRAIRIE MONDAINE
JOSEPH DUCHER, ÉDITEUR
9, rue de Verneuil, 9

1889

IL A ÉTÉ TIRÉ

Trois exemplaires sur papier du Japon
numérotés à la presse (1 à 3)

MAX BOUCARD

EN
DAHABIEH

ILLUSTRATIONS
DE
FÉLIX RÉGAMEY

PARIS
LIBRAIRIE MONDAINE
JOSEPH DUCHER, ÉDITEUR
9, rue de Verneuil, 9

1889

A

M. HENRI B...

EN DAHABIEH

EN DAHABIEH

Quand du sommet de la grande pyramide on jette un regard autour de soi, les yeux restent éblouis du panorama qui se déroule devant eux.

Une immense plaine aux reflets d'or s'étend à l'horizon, et tout au loin, à demi effacées et se confondant avec le ciel, des collines aux teintes changeantes prennent des formes fantastiques.

Plus près, toutes rouges sous les rayons du soleil, apparaissent les hauteurs du Moquattam, la Citadelle et la chaîne des Pyramides.

Enfin aux pieds du spectateur, s'étend une large nappe de verdure qui se détache violemment du fond du tableau, et d'où jaillissent, pareils à des lances, les minarets aigus du Caire.

On ne cesse d'admirer ce spectacle grandiose. L'imagination est confondue devant le contraste offert par la végétation luttant contre le désert: la vie contre la mort.

Au milieu de ce tapis de verdure, courant au loin à travers les sables, coule majestueusement le Nil : fleuve sacré, bienfaiteur du pays, principe de la vie.

C'est à son eau vivifiante qu'est due toute cette luxuriante végétation. Chaque année, il sort de son lit, se répand sur ses rives, déborde dans le désert qu'il force à reculer, puis se retire, laissant derrière lui le limon qui va se couvrir de moissons.

Formée de terrains d'alluvion, et arrosée généreusement par le fleuve, la basse Égypte, grâce à son système d'irrigation, possède de merveilleuses récoltes. Moins bien partagée, la haute Égypte et la Nubie manquent de canaux et doivent se contenter des quelques mètres de terrain que le Nil recouvre de lui-même dans ses crues annuelles.

Visiter l'Égypte consiste donc à suivre les bords du fleuve près duquel la vie s'est réfugiée; aussi de tout temps le cours du Nil a-t-il été la route la plus agréable et la plus rapide. On évite ainsi la fatigue et les ennuis qu'occasionnent les voyages par terre, lorsqu'il faut franchir à cheval des distances considérables, emporter avec soi des provisions et coucher sous la tente. Toutes choses paraissant charmantes de loin, mais qui, de près, manquent d'agrément.

D'ailleurs, voyager en dahabieh, c'est voyager en grand seigneur, à la manière de ces anciens souverains dont les promenades sont si fidèlement reproduites sur les murailles des temples.

Rien n'a été changé depuis cette époque dans la forme des barques ni dans leur gréement : c'est toujours ce même bateau sur l'arrière duquel se trouve une sorte de grande cage en bois contenant les appartements intérieurs. A l'avant est un tronçon de mât supportant une immense vergue dont un des bouts se dresse en l'air presque perpendiculairement, tandis que l'autre est fixé au bordage de la barque. L'ensemble présente l'aspect d'un sabot à l'extrémité duquel on aurait planté une grande aile d'oiseau.

Tout a été calculé pour le bien-être. A l'intérieur, on trouve salon, salle à manger et chambres bien aérées.

Sur ces appartements court une large terrasse ornée de plantes et protégée contre le soleil par une tente.

De tout l'équipage, le pilote seul est admis dans cette partie du navire, et pareil à une statue, debout à l'arrière, il veille près du gouvernail. Il domine au loin, et peut ainsi éviter les innombrables bancs de sable qui constituent la principale difficulté de la navigation.

Sur l'avant du bateau et, par conséquent, sur la partie la plus basse, se trouve l'équipage, composé d'une dizaine de matelots, d'un mousse et d'un capitaine. Le service des voyageurs est fait par le drogman, un valet de chambre et un cuisinier que, par une précaution très appréciable, on a relégué avec ses ustensiles tout à fait à l'écart. La dahabieh traîne de plus à sa suite plusieurs canots servant pour les débarquements et pour la chasse; sur l'un d'eux, spécialement converti en garde-manger, on empile les moutons, les poules, etc.

C'est dans cet équipage que nous allions remonter le Nil pendant quelques mois, et nous n'éprouvâmes aucun regret d'avoir mis notre projet à exécution, car ce fut certainement le temps le plus agréable de notre voyage en Orient.

La journée passait comme un véritable songe. Dès le matin, réveillés par les cris des matelots qui levaient l'ancre et dépliaient la voile, nous montions sur le pont pour assister au départ. Une foule de curieux se pressaient sur

le rivage ; c'était un tumulte effroyable, tout le monde
criait et gesticulait. Des enfants par centaines nageaient

autour de la barque et plongeaient à l'envi pour attraper les pièces de monnaie que nous leur jetions.

On pouvait faire de curieuses études de mœurs ; il y avait là en effet des hommes au maintien grave et sévère comme il convient à des chefs de famille. Fièrement drapés dans une misérable robe de cotonnade bleue, ils se tenaient assis en haut de la berge, dominant de toute la hauteur du rivage la vile multitude qui se trouvait au-dessous d'eux.

Perchés sur les aspérités de la rive comme sur des gradins, se pressaient des esclaves de toutes les couleurs et de toutes les nations, des femmes à peine couvertes d'un lambeau d'étoffe et chargées d'enfants, des marchands d'antiquités et d'armes du Soudan, des porteurs de moutons, de poules, d'œufs et de légumes, enfin une multitude d'enfants dans un état de nudité complète.

La population entière des environs semblait s'être donné rendez-vous sur le fleuve, et de tous côtés on voyait des gens accourir.

Malgré cet empressement, chacun savait conserver son rang, tenir son inférieur à distance, et si quelqu'un s'écartait du respect dû au maître, celui-ci d'un coup de bâton l'avait bientôt ramené dans la bonne voie. A de rares instants cependant le trouble se mettait dans cette foule : lorsque quelque pièce de monnaie, lancée trop vigoureusement par nous, dépassait le groupe des enfants et tombait au milieu des hauts personnages dont j'ai parlé : il n'y avait alors plus de rang, plus de dignité, tous, femmes, enfants, esclaves se précipitaient sur la malheureuse pièce et des batailles sanglantes commençaient.

Enfin la foule des curieux échangeait les derniers adieux avec notre équipage : on partait, et un vent favorable gonflant la voile, la dahabieh fendait rapidement les flots sous son action puissante.

Alors c'était un autre spectacle ; d'innombrables bandes d'oiseaux, rangés en bataille sur les bancs de sable, nous regardaient passer ; puis, pris de crainte, s'envolaient pour aller se poser ailleurs.

Moins fuyards, des pélicans, des cormorans et des vautours restaient tranquillement en place, et il fallait quelque coup de feu pour leur faire prendre la fuite.

Parfois, des nuées entières d'ibis, d'oies sauvages et de hérons passaient au-dessus de nos têtes pour gagner un banc qui, alors, disparaissait entièrement sous leurs plumes.

Puis c'était quelque village surgissant brusquement. Avec ses innombrables pigeonniers, on l'aurait pris pour quelque fabrique de poterie faisant sécher au soleil ses milliers de tuyaux. A notre approche, des vols entiers de pigeons s'en échappaient, obscurcissant l'air, et la barque rasant la terre de plus près, nous pouvions examiner en détail toute la population accourue sur les bords.

Nous eûmes même quelquefois des surprises agréables.

Un jour que nous abordions auprès d'une petite ville de la basse Égypte, nous vîmes venir au-devant de nous une troupe de musiciens. C'était, paraît-il, la musique de la garnison, qui, enflammée sans doute par la vue du drapeau tricolore flottant sur le bateau, se mit aussitôt à exécuter la *Marseillaise* suivie du quadrille de *Madame Angot* : ce chef-d'œuvre de la musique française que l'étranger nous envie.

La tenue des artistes était inénarrable et la plus haute fantaisie régnait dans l'exécution des morceaux. Nous parûmes cependant excessivement flattés de la réception, et l'un de nous allait même prendre la parole pour remercier l'assistance par quelques mots bien sentis, lorsque, changeant soudain de visage et abandonnant son instrument, le chef de musique se mit à réclamer énergiquement l'aumône. Nous supposions la réception honorifique, mais il fallut en rabattre devant l'insistance déplacée des musiciens pour obtenir une gratification.

Hélas ! le quadrille avait duré dix minutes et nous eûmes pour deux heures de réclamations !

Décidément, les honneurs coûtent cher.

Nous descendions à terre presque chaque jour afin de visiter quelque bazar, et sans cesse nous trouvions maint objet bizarre à acheter, maint type étonnant à observer.

Je ne puis me rappeler, sans rire, certain barbier rasant en plein air un pauvre diable qui, assis par terre, sa tête

couverte de savon, placée entre les genoux de son bour-
reau, fumait tranquillement, sans se sou-
cier des estafilades que ce dernier lui pro-
diguait. Il n'y allait pas de main morte,
ce triste Figaro, et avec son outil primitif,
il avait bientôt fait disparaître barbe et
cheveux, ne laissant qu'une petite touffe
de poils sur le sommet du crâne de sa
victime.

D'autres fois, c'était un temple qui ap-
paraissait au loin : nous en admirions les
hautes colonnes dominant le fleuve. En
quelques minutes nous étions à terre et
les heures s'écoulaient brèves au milieu
de ces magnifiques ruines.

Souvent même les domestiques dressaient notre table dans une des salles
principales du lieu saint, et nous faisions
joyeuse chère tout en admirant les fres-
ques brillantes où quelque Pharaon était
représenté offrant des présents à ses an-
cêtres.

S'il leur avait été donné, à ces terribles
souverains, de nous voir ainsi profaner
leurs sanctuaires, ils auraient ardemment
désiré, sans doute, que les ruines de leurs temples nous
engloutissent dans un suprême bouleversement.

La chasse nous prenait aussi beaucoup de temps. Combien de journées nous passâmes, enfouis dans le sable jusqu'au cou, à guetter les crocodiles! A force de les attendre en vain, une sorte de surexcitation s'empare du chasseur, qui n'a plus qu'une idée fixe, tuer et rapporter enfin un de ces terribles animaux. Dans ce but, que de courses effrénées sous un ciel de feu! que de fatigues subies; mais aussi que de bonheur si le succès vient enfin couronner les efforts!

La nuit, c'est l'affût aux hyènes et aux chacals; mais là encore que de difficultés pour celui dont les yeux ne sont pas habitués aux ténèbres!

Sur le fleuve, c'est un autre genre de chasse; couché au fond d'un léger esquif, dissimulé sous des branches d'arbres, on se laisse entraîner par le flot en s'efforçant d'arriver à portée de fusil de ces innombrables oiseaux qui couvrent les bancs de sable.

Tantôt ce sont des courses à travers le désert pour visiter quelque pauvre village; à notre aspect les habitants s'enfuient, et ce n'est qu'à grand'peine qu'on parvient à les rassurer; ce sont de continuels sujets d'étonnement pour nous que ces habitations en terre et ces mœurs primitives!

Quelle belle race aussi que cette race nubienne! Grands et élancés, les hommes sont d'une beauté et d'une force incroyables; les femmes sont parfaites de forme, leurs extrémités sont fines et souples, leurs traits d'une exquise douceur et leurs yeux largement ouverts. Avec cela d'une conduite austère, elles sont dissemblables en tout des femmes de la basse Égypte, métisses dégénérées des races qui ont successivement habité le pays.

Autant les unes sont laides et dépravées, autant les autres sont belles et réservées; du reste plusieurs cadavres que nous rencontrâmes flottant sur le Nil, nous firent connaître la sévérité des mœurs nubiennes. En cas de scandale, le chef, paraît-il, réunit la famille et la coupable est jetée dans le Nil, la gorge ouverte d'un coup de couteau.

De telles mœurs conviennent bien à ces hommes belliqueux, toujours disposés à se servir du poignard recourbé qu'ils portent attaché au bras. Aussi les interprètes qui jusqu'à Assouan jouent de la cravache avec agrément, s'empressent-ils, aussitôt la cataracte franchie, de prendre des manières plus circonspectes. Ils savent qu'ici un coup de couteau répondrait à un coup de cravache.

Si les Nubiens sont courageux, ce sont aussi de vigoureux travailleurs; et nous en eûmes bientôt la preuve quand il fallut faire passer les cataractes à la dahabieh. Malgré les flots impétueux dont la violence semble impossible à briser, à l'aide de cordages et en s'accrochant aux pointes des rochers qui surplombent les eaux, ils parviennent à faire remonter le courant aux plus fortes barques. Ce sont des fatigues inouïes; il faut avancer le corps dans l'eau, attirer un poids énorme au risque d'être entraîné par le torrent, déchiré sur des roches aiguës et emporté par les flots qui tombent de plusieurs mètres de haut avec un bruit formidable. Cependant l'opération réussit, et les quelques kilomètres de cataractes sont franchis le plus souvent sans avaries sérieuses.

Au retour, le passage s'effectue plus facilement, et, au lieu de durer plusieurs jours comme lorsqu'il s'agit de remonter les rapides, il ne demande que quelques instants. Le bateau est emporté avec une vitesse effroyable et on ne peut s'en remettre, pour le résultat final, qu'à l'habileté du pilote et à Dieu.

C'est d'ailleurs l'avis des Nubiens qui, avant d'entreprendre ce dangereux passage, font des prières particulières et couvrent le pont du navire de leurs étendards sacrés.

Malgré toutes ces précautions, emportée par le courant, la dahabieh vient quelquefois se briser en morceaux aux pieds de la cataracte. Je pus même en apercevoir une, à moitié submergée, dont les flots dispersaient les derniers débris.

Cet obstacle une fois passé, on peut se croire au milieu d'un lac d'Écosse, par un jour de soleil.

Entouré de toutes parts de rochers élevés, le fleuve semble dormir dans un immense réservoir, au centre duquel apparait la perle de l'Égypte, l'île de Philæ, couverte de temples.

Le spectacle est féerique, on ne peut se lasser d'admirer les hautes cimes qui s'élèvent de tous côtés signalant par leurs innombrables hiéroglyphes, le passage des Pharaons dans ce lieu enchanteur.

Tous ont tenu, en effet, à laisser dans cette île quelque monument de leur gloire, et chacun d'eux s'est complu à l'embellir. Aussi, quelle merveille que ces ruines ! Rien de plus ravissant que ce temple qui surplombe et domine les eaux du Nil. Qui a vu Philæ ne l'oubliera jamais! Qui a pu passer une nuit, au milieu de ces rochers de granit noir jaillis du sein des eaux dans quelque cataclysme insensé, en conservera un souvenir éternel !

Les ténèbres descendent lentement, les derniers rayons de lumière colorent les élégantes colonnes du temple égyptien, qui apparait tout rose à travers le feuillage des palmiers dont l'île est couverte : les moindres détails de ces ruines frappent les yeux avec un aspect théâtral.

De tous côtés les rochers dérobent la vue du désert, et les arbres jettent une ombre superstitieuse sur ce lac au-dessus duquel plane, sentinelle vigilante, la pointe aiguë d'un roc poussé là, au milieu des flots, comme un défi jeté par la nature.

Le tout est d'un granit noir, poli et brillant comme le marbre et dur comme l'acier.

Mais il faut quitter ce lieu enchanteur; le jour est revenu; la dahabieh poussée par un vent favorable vogue avec rapidité vers l'extrémité du lac, et au moment où elle semble devoir se briser sur les rochers, elle décrit un demi-cercle, passe à travers une étroite issue, et retombe au milieu des sables enflammés.

Nous venions de faire un rêve, la réalité nous saisissait de nouveau.

A partir d'Assouan, le Nil se resserre et coule encaissé dans ses rives élevées. Le désert gagne du terrain et s'étend presque jusqu'au fleuve. C'est à peine si une légère bande cultivée relie entre eux les villages devenus de plus en plus rares. L'aspect des habitants est plus sauvage : nous ne sortons qu'armés et accompagnés de plusieurs de nos matelots. Il faut en imposer aux naturels qui ne craindraient certes pas d'engager le combat.

Le gibier d'eau lui-même devient plus difficile à trouver;

il préfère à bon droit les rives de la basse Égypte qui lui offrent de brillantes moissons. Aussi, forcé de demeurer à bord, chacun de nous suivant ses goûts s'installe de son mieux ; on déballe les livres, on installe la table de jeu, et nous restons ainsi des journées entières sur le pont, à l'abri de la tente.

A l'horizon le désert s'étend au loin avec son sable d'or, quelques montagnes aux teintes d'azur en indiquent seules la fin ; et si, fatigués du ciel toujours pur et sans nuages, nous reportons nos yeux sur le fleuve, ses rives arides et escarpées nous montrent leurs noires crevasses comme autant de profondes blessures. Partout en un mot l'image de la désolation ; notre barque semble voguer dans l'inconnu, vers ce pays de la mort si bien décrit dans les voyages de Sindbad le marin.

Enfin apparait un bouquet de palmiers, minuscule oasis perdue dans les sables, et couvrant de son feuillage un village entier. Des cahutes de terre surgissent une multitude d'enfants qui nous accompagnent de leurs cris.

Plus loin d'interminables caravanes suivent les rives du fleuve ; notre équipage échange de joyeux propos avec les conducteurs de cette longue file de chameaux chargés de bagages.

Tout retombe dans le silence jusqu'au prochain village dont l'approche nous est signalée par la bande de terre végétale, qui va s'élargissant de plus en plus, grâce aux *chadoufs* à l'aide desquels on arrache au fleuve quelques gouttes d'eau pour éteindre la soif ardente du sable.

Rudes gens que ces Nubiens! placés les uns au-dessous des autres comme sur les degrés d'un escalier, à l'aide d'une sorte de balancier et d'un contrepoids, ils se passent de mains en mains quelques potées d'eau : remède bien misérable contre la sécheresse du terrain.

Ils sont là des journées entières sous un ciel de feu, le corps entièrement nu. C'est qu'il faut de l'eau à tout prix ; sans eau pas de moissons et par conséquent la famine et la mort.

De temps en temps, une véritable oasis tache le désert. Une végétation puissante, des palmiers vigoureux, des champs de maïs et de cannes à sucre apparaissent aux yeux surpris du voyageur. C'est la propriété de quelque riche habitant qui, lui, peut s'offrir des machines perfectionnées pour monter l'eau.

Alors, sous l'effort de ces énormes roues, de ces *sakiehs* comme on les appelle, l'eau s'étend sur les sables, le désert recule, la végétation reparaît, et les champs se couvrent de moissons qu'arrosent continuellement mille petites rigoles.

Malheureusement, pour faire tourner ces lourdes machines, il faut un luxe d'animaux que les propriétaires riches peuvent seuls s'offrir; aussi, dans beaucoup d'endroits, sous peine de mourir de faim, le peuple a-t-il été forcé de se grouper autour de quelques-unes de ces grandes exploitations et de s'offrir comme esclaves à ceux qui possédaient les moyens nécessaires pour leur assurer l'existence.

Une seule famille de Ouadi-Alfa a acquis de cette façon presque tout le territoire qui s'étend de Korosko à la deuxième cataracte, et règne sur toute la contrée.

Pauvre pays, jadis si riche et si peuplé! où est-il ce temps où les eaux du fleuve, amenées sur les sables par de savants travaux, couvraient de vastes étendues?

Alors, une population nombreuse vivait sur ces bords et

construisait ces immenses monuments, indices certains d'une civilisation avancée.

Mais les canaux se sont desséchés; le fleuve, abandonné à lui-même, n'arrose plus que quelques mètres de terrain; bientôt toute trace de culture disparaîtra et avec elle les derniers débris d'une race héroïque.

Quelquefois l'interprète accourait sur le pont: une autre dahabieh était en vue; et aussitôt nos lorgnettes de sortir de leurs étuis pour reconnaître la nationalité du navire.

On se croisait; les équipages poussaient de joyeux vivats; les pavillons s'abaissaient pour échanger le salut d'usage et les barques se perdaient de vue.

Le soir arrivait vite, et l'équipage commençait les préparatifs du repas, menu bien simple, mais qui est celui de tous les habitants du pays: un peu de farine de maïs délayée dans l'eau. On place cette sorte de bouillie sur une plaque de tôle fortement chauffée et on confectionne ainsi un certain nombre de galettes qui constituent la nourriture exclusive des matelots; avec cela l'eau du Nil et c'est tout. Aussi les Nubiens sont-ils exempts de toutes les maladies que les Européens contractent dans les pays chauds par leur mode de nourriture animale et par l'abus des boissons alcoolisées.

Pour être modeste le repas n'en était pas moins gai; à peine fini, les danses et les chants commençaient; le chauleur attitré, s'accompagnant avec un tambourin, entamait une longue complainte dont les autres répétaient en chœur le refrain. Peu à peu le silence se rétablissait; groupés autour du foyer, nos hommes s'entretenaient à voix basse, et l'un d'eux se détachait pour venir nous demander du haschisch. Une fois en possession de la précieuse denrée, il s'enfuyait tout joyeux près de ses compagnons qui attendaient anxieusement son retour.

A l'annonce de la bonne nouvelle, c'étaient des cris de joie à n'en plus finir; le chef de la bande se livrait à la grande opération du bourrage de la pipe; puis, chacun venait aspirer quelques bouffées de fumée avec un air de béatitude infinie; et bientôt, grisés par l'opium, tous reprenaient leurs chants.

Dur métier que celui de matelot sur le Nil! Toujours exposé aux intempéries de l'air, brûlé par le soleil dans la journée et le soir grelottant sous l'humidité pénétrante de la nuit, il lui faut encore passer une bonne partie du temps dans l'eau jusqu'au cou, afin de dégager la barque des bancs de sable sur lesquels elle vient continuellement s'échouer.

Tant qu'il ne s'agit que de remonter le Nil, le travail est en général assez supportable, car le vent suffit pour goufler la voile et vaincre la violence du courant. Mais quelquefois la toile reste inerte le long du mât, le vent ne souffle plus et le matelot est forcé de s'atteler à une longue corde, pour, sous un ciel de feu, traîner péniblement la barque le long du rivage. On n'entend plus alors le soir de chants joyeux, et ce n'est qu'à force de haschisch qu'on apaise les plaintes de l'équipage.

Le retour est plus pénible encore ; on doit descendre et rouler la voile, sortir de lourdes rames et lutter contre le vent. Le flot aide bien un peu, mais le temps presse, il faut rentrer au Caire au plus vite, car on s'est attardé ; et alors, nuit et jour, courbés sur des rames énormes, les matelots accélèrent la marche de la barque.

C'est alors qu'apparaît le rôle du chanteur. A lui la rame la plus légère et la meilleure place ; mais aussi doit-il chanter sans cesse pour marquer la cadence et donner le mouvement aux rameurs qui, tous en chœur, répètent le refrain en frappant les flots.

Pareilles à celles des antiques galères, ces rames sont d'une longueur et d'un poids démesurés, et on comprendra combien le maniement en est pénible, quand on saura que chaque coup d'aviron se décompose en trois efforts. L'homme se soulève de son banc, se porte en avant et lance sa rame derrière lui ; il se rassied ensuite en l'attirant avec violence, puis, se renversant complètement en arrière, il tire la poignée jusque par-dessus sa tête. De sorte que, pendant des heures entières, on ne voit que des individus qui se lèvent, s'asseyent, et se renversent sur le dos, mus comme par le même ressort.

Ainsi stimulée, la barque semble voler sur les flots, et parcourt plus de soixante-dix kilomètres par jour.

Mais le temps fuit : voilà plusieurs mois que nous explorons le Nil, et nous n'avons plus que quelques jours à passer sur le fleuve ; aussi, même la nuit, nous restons sur le pont de la dahabieh afin de ne rien perdre du paysage.

Peu à peu la lumière tombe. L'horizon apparaît tout en feu, les montagnes et les palmiers grandis démesurément se détachent en larges masses noires, et les flots du Nil qui coulent silencieux et sombres à nos pieds, s'éclairent au loin de reflets métalliques pour aller ensuite se perdre dans le ciel enflammé.

Puis, la lumière disparaît, les ténèbres semblent s'épaissir, seule la voûte céleste scintille toute criblée d'étoiles, et à l'horizon se lève enfin la constellation des régions équatoriales : la Croix du Sud.

En même temps de tous côtés, sur ces rives jusqu'alors silencieuses, des bruits éclatent brusquement : c'est la fête de nuit qui commence. Les loups et les hyènes s'en donnent à cœur joie et leurs querelles viennent jusqu'à nous. Puis tout s'apaise, et le silence n'est plus troublé que par les plaintes lamentables des sakiehs dont les roues gémissent nuit et jour sous le poids de l'eau qu'elles montent.

Heureux ceux qui pourront encore pendant de nombreuses nuits jouir de tels spectacles, au milieu d'amis, s'entretenant des absents et de la patrie lointaine !

Hélas ! notre rêve à nous est fini ; bientôt les minarets du Caire apparaîtront, et il nous faudra dire adieu au Nil et à ses rives merveilleuses.

LE BAZAR

LE BAZAR

I

J'étais au Caire depuis plusieurs semaines et j'avais déjà parcouru la ville et admiré les merveilles qu'elle renferme, lorsque je reçus une lettre d'un ami me priant d'acheter pour lui quelques-unes des riches étoffes dont abonde le vieux bazar.

J'appelai mon drogman et faisant signe à un des âniers qui se trouvent toujours à la porte des hôtels, j'enfourchai vivement la bête qu'il m'amena et me dirigeai vers le Mouski.

Quel agréable moyen de locomotion !

Bien assis, sur une large selle recouverte d'un tapis aux couleurs voyantes et frangé d'or, retenu en avant par l'énorme pommeau de cuir rouge, les jambes ballantes, on se laisse entraîner par sa monture. L'ânier, avec sa longue robe bleue et ses babouches recourbées, court derrière ; par ses cris, il fait faire place et excite l'animal, qui accélère encore son pas déjà rapide en agitant les ornements de sa bride et les amulettes qu'il porte au cou.

On ne ressent pas une secousse, pas une réaction, et il faut voir avec quelle adresse l'âne se faufile au milieu de la cohue qui encombre le Mouski. Point n'est besoin de le diriger, il vous conduit toujours à bon port.

Débarrassé de tous soucis, on domine la foule qui s'écarte docilement aux indications du guide : Prends garde à gauche ! prends garde à droite ! s'écrie-t-il, *ragelayh!!!* et l'Arabe se dérange sans hésitation et sans mécontentement. Aussi, s'abandonnant paresseusement sur la selle, peut-on sans fatigue contempler cette foule curieuse et bariolée qui vous entoure et vous presse de tous côtés.

Rien de plus surprenant, en effet, rien de plus varié que le spectacle d'une rue du Caire.

Tantôt c'est un Arabe fièrement drapé dans ses vêtements aux couleurs éclatantes, tantôt c'est un Bédouin reconnaissable à son grand manteau blanc, à sa couphi serrée sur le front par une corde, et à son long fusil damasquiné ; tantôt c'est un misérable fellah qui, à peine couvert de quelques haillons, passe écrasé sous un lourd fardeau.

Puis tout à coup la foule s'écarte aux cris d'un saïs armé de son grand bâton, et courant devant la voiture de quelque riche habitant. Sa veste de couleur, toute brodée d'or, resplendit au soleil ; sa jupe blanche, sa riche ceinture de soie flottent au vent, et ses larges manches blanches, pareilles à des ailes, s'agitent derrière lui. Aucun signe de fatigue ne paraît sur son visage ; il court, la poitrine en avant, la tête rejetée en arrière, il crie, il frappe, il fraye un chemin à la voiture qui le suit, et, rapide, il a déjà disparu quand vos yeux éblouis le cherchent encore.

Mais la foule s'est aussitôt refermée et la cohue est complète. Les cris des âniers se font entendre de plus en plus fort. Que se passe-t-il donc ? C'est un énorme Turc qui, sur son âne qu'il écrase, accompagne une femme arabe. Enveloppée dans son voile noir gonflé par le vent et présentant assez l'aspect d'un ballon, elle passe à califourchon sur sa monture et ne laisse apercevoir que ses yeux brillants et ses bottines de cuir fauve.

Puis des Européens en costume excentrique ; des Égyptiens, la redingote noire boutonnée jusqu'au col et coiffés du fez; des Anglaises disgracieuses qui, avec leurs jupes plates et courtes, leurs longs pieds mal chaussés et leurs horribles chapeaux ornés de voiles verts, semblent prendre à cœur de discréditer leur sexe.

Enfin une voiture fermée passe, rapidement emportée par des chevaux ardents; c'est un équipage de harem se rendant à la promenade Choubrah avec un gros eunuque noir sur le siège. Les glaces sont baissées; au milieu de lourdes draperies prétentieuses, quatre femmes sont assises, richement vêtues à l'européenne; on n'entrevoit que de grands yeux noirs, le reste de leur figure se dissimule sous un léger voile blanc.

Puis le spectacle change : un gigantesque chameau, avec sa charge énorme, encombre la voie. Il s'avance avec le mouvement d'un navire bercé par la vague; son long cou s'abaisse et s'élève à chaque pas comme un balancier; vingt autres le suivent. La circulation est interrompue; les âniers crient; les saïs frappent, et les sergents de ville, sortant de leur indolence, s'en mêlent enfin et, à coups de courbache, rétablissent l'ordre dans la rue.

A travers toute cette foule, ces embarras, ces obstacles, les ânes se glissent avec une adresse incroyable ; rien ne les arrête ; ils vont malgré tout et savent trouver d'eux-mêmes le passage.

Le cavalier est bien un peu bousculé par-ci par-là ; il renverse bien parfois quelque paisible piéton ; mais la monture continue quand même sa route et, personne ne se plaignant, vous arrivez au but.

II

Quelle différence entre le marchand arabe et son confrère d'Europe?

Autant ce dernier est empressé et bavard, autant le premier est calme et silencieux. L'un offre sa marchandise, l'autre attend que l'acheteur vienne le trouver.

La réclame ici est complètement inconnue et rien n'est fait pour attirer le client. Point de magasins luxueux dans lesquels des commis empressés offrent les marchandises adroitement étalées; point d'annonces à grand effet, point d'affiches voyantes; tout ceci est incompatible avec le caractère arabe.

Il est certain que si, en Europe, l'habitude ou la loi forçait tous les commerçants à établir leurs magasins dans le même quartier et dans la même rue, cette sorte de cité deviendrait bientôt un véritable palais, chacun de ses habitants s'efforçant d'y apporter tout le luxe possible et rivalisant avec ses voisins.

Ce serait à qui déploierait le plus de richesses, à qui s'ingénierait à apporter le plus d'agréments à la demeure commune et à la sienne en particulier, sachant que plus il y aurait d'éclat et de plaisirs offerts, plus le nombre des acheteurs augmenterait.

En Orient, au contraire, aucun progrès n'a été réalisé depuis des siècles : le bazar est resté le même et aucun commerçant ne cherche à éclipser ses rivaux par son luxe ; les étalages sont demeurés aussi pauvres d'apparence qu'autrefois.

Rien n'indique l'emplacement du bazar au voyageur qui peut passer assurément devant son entrée étroite et obscure sans se douter que c'est là que se trouvent les merveilles qu'il vient chercher de si loin.

Heureusement l'âne connaît l'endroit et, de lui-même, tournant brusquement dans la ruelle, il s'arrête à la place où il a coutume de déposer son cavalier.

Les débuts de l'excursion sont pénibles ; à peine avez-vous mis pied à terre que vous êtes désagréablement impressionné par l'odeur qui s'échappe des nombreuses boutiques où les fabricants de babouches entassent leurs marchandises. Aussi, fuyant au plus vite ce voisinage nauséabond, pénétrez-vous plus avant, et arrivez-vous enfin dans ce célèbre bazar où votre imagination vous a si souvent transporté.

C'est là que se trouve l'Orient véritable, avec les armes

étincelantes et richement damasquinées, les belles étoffes de Syrie et de l'Inde, les productions du Soudan et les merveilles de l'art arabe! Vous l'avez déjà maintes fois visité, les *Mille et une Nuits* à la main, à la suite des belles esclaves et des sultanes favorites. Le cœur bat plus vite et vous sentez instinctivement qu'on vous doit quelque chose de merveilleux ou que cette fois encore, comme déjà bien souvent, hélas! c'est la perte d'une illusion chère qui vous attend.

Eh bien, oui! c'est une désillusion; c'est une sensation pénible qu'on éprouve en s'engageant dans le bazar!

Tout d'abord s'étend devant vous un étroit couloir, dont le sol raboteux et la toiture, formée de planches vermoulues, accusent l'incurie des marchands. Dans les hautes murailles qui l'enserrent et interceptent le jour, des échoppes sont creusées à un pied environ au-dessus de la terre. Dans chacune de ces sortes de niches, assis sur un tapis et fumant gravement sa longue pipe, un homme se tient immobile au milieu d'objets épars avec lesquels il semble se confondre dans une impassible sérénité.

Le silence est profond; il règne dans tout le bazar une ombre assoupie, le soleil n'y pouvant pénétrer.

Les yeux ont peine à s'habituer à cette obscurité succédant brusquement à l'aveuglante clarté du dehors. On s'arrête un instant avec un léger frisson causé par la fraîcheur relative qui y règne; puis, se laissant entraîner par le guide, on passe devant ces petites boutiques sans y rien distinguer. On aperçoit vaguement des armes, des étoffes, des bijoux, des cuivres; mais la première impression subsiste toujours et on n'est frappé que par la pauvreté de l'endroit, par le silence qui y règne.

Il y a foule cependant; mais tous, hommes et femmes, passent gravement ou s'arrêtent sans bruit, devant les étal ; aucune dispute, aucune voix ne s'élève, rien en un mot de l'animation et de l'entrain de nos magasins d'Europe. Pas de commis nombreux et empressés, le marchand est seul et travaille silencieusement : le tailleur coupe et brode, l'orfèvre cisèle ses bijoux sous les yeux indifférents des promeneurs. On sent qu'ici il n'y a ni curieux ni badauds; les gens y sont venus pour acheter un objet déterminé; dès qu'ils aperçoivent ce qu'ils cherchent, ils s'arrêtent, s'assoient sur le bord de la boutique et sans bruit discutent le prix.

Le marché est long à se conclure, on parle peu et chacun mesure ses paroles. Le vendeur offre le café et une pipe à l'acheteur, et tous les deux semblent pendant quelque temps plongés dans les plus profondes réflexions. Enfin la transaction est terminée; le client se lève et emporte son acquisition, toujours avec le même calme.

Aussi, lorsqu'on est arrivé à l'extrémité du couloir, ne

peut-on s'empêcher de s'écrier : Comment, c'est là ce bazar si vanté ! celui que j'ai si souvent vu dans mes rêves ! C'est impossible, vous me trompez, il en existe un autre ! Et quand le guide assure que c'est bien là le seul bazar du Caire, vous revenez sur vos pas, espérant surmonter cette première impression et goûter enfin le plaisir que vous vous êtes promis.

C'est qu'en effet il faut un véritable apprentissage pour pouvoir apprécier l'Orient. Tout ici est si différent de ce que nous voyons en Europe que nous sommes tout à fait dépaysés.

Ce n'est que peu à peu que l'on prend goût à ces mœurs étranges ; mais alors c'est avec une véritable jouissance qu'on revoit ce qui avait déçu au premier abord.

Vous y revenez tous les jours à ce bazar, attiré par un attrait invincible. Les marchands vous y reconnaissent vite, une sorte de familiarité s'établit bientôt et vous arrivez comme les autres à vous asseoir sur le bord de la boutique, à accepter la pipe et le café, à examiner tranquillement les richesses qui y sont entassées.

Il y a de tout ; chez le même commerçant on trouve des bijoux, des armes, des étoffes, des tapis. Le neuf et le vieux sont pêle-mêle dans le même monceau ; un objet ravissant à côté d'une chose grossière, de splendides sabres garnis de pierres précieuses, jetés avec des lames européennes sans aucune valeur; des habits magnifiquement brodés, accrochés avec la pauvre robe d'un fellah; des vases de cuivre aux riches ciselures, des coffrets antiques, des ivoires de toute beauté.

Chaque boutique est un bazar à elle seule et mérite l'attention par cent pièces curieuses. Et ne croyez pas cependant que malgré son calme l'Arabe ne sache point amorcer son client. Rien n'approche au contraire de sa complaisance inépuisable et de sa patience. Il vous déplie tout ce qu'il a, fait tout miroiter à vos yeux et ne se fâche pas si vous ne lui achetez rien : il pense qu'il a le temps devant lui et que vous reviendrez. Il ne vous sait pas non plus mauvais gré si vous lui offrez le quart ou la moitié du prix qu'il vous demande; il reprend sa marchandise, la remet en place avec lenteur et garde un air consterné. Mais quand il vous voit bien décidé à partir, il fait encore apporter du café, semble longtemps hésiter et arrive toujours à vous céder l'objet : soyez tranquille, il gagne encore.

Aussi sort-on chaque jour du bazar chargé de mille richesses et n'a-t-on qu'une pensée, c'est de revenir le lendemain s'asseoir aux mêmes boutiques, auprès des mêmes gens, qui, tout en travaillant, vous font bon accueil et s'ingénient à satisfaire votre curiosité et à prévenir vos désirs.

UNE AUDIENCE DU VICE-ROI

UNE AUDIENCE DU VICE-ROI

Mon plus vif désir en arrivant au Caire était d'être reçu par le khédive.

Aussi, grande fut ma joie quand un bienveillant introducteur me conduisit au palais.

C'était une habitation des plus modernes et des plus simples. Un officier égyptien me fit entrer dans un petit salon meublé à l'européenne, et, après quelques minutes d'attente, m'introduisit auprès du vice-roi.

Adieu les salles aux grandes colonnades, remplies d'étoffes et de meubles précieux! adieu les riches costumes brodés d'or et les armes couvertes de pierreries! Où est cette cour brillante, cet essaim d'esclaves, ce faste si renommé de l'Orient? Où est ce trône devant lequel se plient les genoux et se glacent les cœurs?

Un jeune homme en redingote noire et coiffé du fez me fit asseoir auprès de lui. Il m'entretint, en excellent français d'ailleurs, de tout ce qui pouvait m'intéresser, m'adressa quelques questions sur ce que j'avais vu depuis mon arrivée au Caire, m'engagea à visiter les travaux considérables qu'il entreprenait dans le Delta pour l'amélioration de l'agriculture, puis, me serrant gracieusement la main, me fit promettre de revenir le voir avant mon retour en France.

En sortant de la salle d'audience, je retrouvai mon introducteur causant gaiement avec Arabi Pacha et les fameux colonels égyptiens qui bientôt allaient tant faire parler d'eux ; il me reconduisit jusqu'à la sortie du palais, dont le concierge me salua respectueusement, et... je revins à l'hôtel avec une illusion de moins.

FÊTE DES PERSANS

FÊTE DES PERSANS

Je me levais de table et
m'apprêtais à sortir de l'hôtel, lorsqu'un
guide m'offrit
de me

conduire à la fête des Persans. Désireux comme je l'étais d'assister à tous les spectacles intéressants et de connaître les mœurs particulières de l'Égypte, je m'empressai d'accepter, et, quelques instants après, ma voiture s'arrêtait au milieu de la plus épaisse cohue.

Les côtés de la rue étaient garnis de curieux entassés sur plusieurs rangs, qui attendaient le passage des Persans, avec cette patience propre aux Orientaux. Le milieu de la voie était envahi par une foule énorme où l'on se poussait et se bousculait à l'envi. De nombreux équipages d'étrangers cherchaient à se frayer un passage, et ce n'était pas sans peine qu'ils parvenaient à fendre la presse et à se ranger sur un des côtés de la chaussée.

Il était environ neuf heures, et comme nous avions encore longtemps à attendre, j'en profitai pour me faire donner quelques explications sur la cérémonie qui avait lieu.

D'après ce que je pus comprendre, il s'agissait d'une fête d'expiation en l'honneur des trois enfants du Prophète, victimes de haines religieuses.

Sur ces entrefaites, l'heure du défilé étant arrivée, de vives lueurs apparurent au loin, accompagnées de cris étranges.

Les torches se rapprochaient lentement et leurs flammes, se réfléchissant sur les hautes murailles des maisons, répandaient une clarté sinistre au milieu de l'obscurité qui règne le soir dans les rues du Caire.

Peu à peu les cris se firent entendre plus distinctement ; c'était toujours les mêmes mots répétés en chœur indéfiniment, mais avec une rapidité extrême et un mouvement saccadé. Un bruit sourd, dont je ne pouvais encore distinguer la nature, accompagnait cette sorte de mélopée lamentable.

Heureusement, la foule, ouverte et rejetée avec violence par des soldats et des agents de police, laissa enfin apercevoir la troupe qui s'avançait.

D'abord apparurent de nombreux porteurs de torches et derrière eux, immédiatement, une troupe de pleureurs qui chantaient ou plutôt hurlaient en frappant du poing leur poitrine découverte.

Le chant était précipité et violent. Tous ces hommes semblaient en proie à une surexcitation effrayante ; les coups qu'ils se portaient eux-mêmes accompagnaient chacune de leurs paroles.

On ne voyait ainsi que des visages enflammés, des bras tour à tour élevés et abaissés en cadence.

Quand cette nombreuse troupe eut défilé, le spectacle qui s'offrit à nos yeux devint épouvantable.

Sur un cheval s'avançait un enfant de douze ans environ, la tête nue et un sabre à la main. Il semblait suivre l'espèce de cadence indiquée par les cris des fanatiques qui le précédaient, et chaque fois qu'ils se meurtrissaient la poitrine, lui, se frappait le front du tranchant de son sabre. Le sang couvrait son visage, et ses vêtements en étaient inondés.

Mais ce qui était plus atroce encore, c'étaient ceux qui l'entouraient. Une centaine d'hommes habillés de robes blanches, formés en cercle autour du cavalier et lui faisant face, marchaient, les uns à reculons, les autres de côté, laissant toujours un espace vide entre eux et lui. Armés de sabres recourbés, ils s'en frappaient la tête fortement et le sang en jaillissait; ils hurlaient les mêmes mots que nous avions déjà entendus, mais avec une précipitation plus grande encore. Ils n'avaient plus rien d'humain et ressemblaient à des fous furieux. Nous en vîmes passer près de nous, le crâne ouvert, rouges de sang, criant de plus belle et se frappant encore.

Derrière cette bande hideuse et comme une répétition de la première partie du cortége, venait une nouvelle série de pleureurs; puis, toujours à cheval, un autre enfant, plus jeune que l'autre et qui, au milieu de son sanglant entourage, se faisait aussi des blessures à la tête avec son sabre.

Enfin une troisième troupe s'avançait dans le même ordre que les deux premières et ne fut pas moins émouvante.

Celui qui venait à cheval, cette fois-ci, maintenu par deux personnes, était un pauvre petit enfant de quatre à cinq ans; sa petite main avait à peine la force de se lever, et, malgré cela, il se frappait le front du tranchant d'un poignard. Les coups qu'il se portait n'étaient pas cependant inoffensifs, car des marques sanglantes sillonnaient son visage.

Son escorte était plus horrible encore que les précédentes ; on avait sans doute réservé les plus farouches sectaires pour la fin. Ils n'avaient plus rien d'humain et leur corps était couvert de blessures.

Tout cela en passant frôlait notre voiture ; nous regardions le cœur serré, les yeux fixes. Un frisson d'horreur m'agitait encore, à mon retour à l'hôtel, et rien ne pourra effacer ce spectacle de mon souvenir.

Notre cœur d'Européen, adouci par la civilisation, ne peut-il donc plus accepter ces terribles mises en scène ? Notre tempérament est-il plus faible que celui de ces Arabes muets et recueillis, dont le visage exprimait si bien des sentiments en harmonie avec ce qui se passait sous leurs yeux ?

Avec de pareils fanatiques, à l'aide de telles idées et de tels spectacles, que ne pourrait faire un chef intelligent et ambitieux !

UNE JOURNÉE AU CAIRE

UNE JOURNÉE AU CAIRE

I

Quelle triste excursion nous venons de faire à Boulaq et aux tombeaux des Khalifs! Au risque d'attirer sur moi toutes les malédictions des égyptologues, je dois avouer l'impression pénible que nous a causée cette exhibition de momies, de vêtements et de joyaux enfouis jadis avec les morts par des mains amies, et livrés maintenant aux regards curieux des visiteurs.

Au musée de Boulaq, nous avons vu ces grands cercueils de bois avec leur couvercle à face humaine tout couvert de peinture; nous avons soulevé le masque d'or qui couvre le visage des rois, et nous avons déroulé les bandelettes qui compriment leurs membres.

Là, sont exposés aussi les colliers qu'ils portaient avant leur mort et que des impies ont arrachés de leur cou. On s'étonne presque de ne pas être invité à goûter le blé, les raisins et les grenades enfermés dans leur tombe, comme dernière offrande.

Des crânes, des mains et des pieds encore enveloppés de bandelettes ; puis des momies de chats, d'ibis, etc., ont défilé devant nos yeux : le tout, sans intervalle et catalogué comme pièces curieuses, avec une absence complète de respect pour ces pauvres morts qui s'étaient endormis confiants dans la tranquillité du tombeau.

Du reste, pourquoi se plaindraient-ils, puisque leurs dieux sont avec eux ; et que, de cette religion si grande de l'Égypte, il ne reste qu'un assemblage grotesque de statues placées pêle-mêle et, par cela même, dépourvues de toute signification.

Rien n'est oublié au musée de Boulaq ; après les momies et les dieux, voici les spécimens des différentes phases de l'art égyptien. Quoi de plus désolant que de voir tous ces efforts d'un peuple cherchant à prendre le premier rang, et qui, arrivé au faîte, décline et tombe aussi bas que nous le voyons actuellement ?

II

La même impression de tristesse nous poursuit aux tombeaux des Khalifs. L'immense nécropole d'autrefois n'existe plus, le sable l'a recouverte comme d'un linceul.

Nulle trace d'entretien, plus de routes, pas d'arbres; mais çà et là, épars dans la plaine, se dressent encore quelques mosquées et quelques tombeaux, qui, plus solides que les autres, ont su résister au temps. Leurs minarets aigus et leurs coupoles gracieuses, échantillons de la plus pure architecture sarrasine, nous révèlent ce qu'a dû être ce lieu de repos choisi par les Khalifs pour leur dernière demeure.

Mais déjà ces chefs de l'Égypte n'avaient plus comme les Pharaons la crainte terrible de la souillure par la violation de la tombe, et trop préoccupés de guerres et de conquêtes, ils laissaient à leurs successeurs le soin d'élever leur sépulture. Aussi, quelle différence entre les tombeaux des anciens rois et ceux des Khalifs!

Les premiers, malgré leur insondable vieillesse, sont restés dignes de ceux qui les avaient construits avec autant d'amour que de persévérance, et ne se sont laissé arracher leur dépôt sacré qu'après avoir été fouillés le fer à la main. Les autres, au contraire, de date encore récente, gracieux, élégants, mais passagers comme la pensée qui les avait créés, tombent d'eux-mêmes, laissant échapper les restes qu'ils contenaient, et bientôt ne seront plus.

Hâtons-nous de les admirer pendant qu'elles existent encore, ces mosquées aux lignes harmonieuses, toutes couvertes de fines dentelles de pierre et de bandes d'ornements; contemplons leurs mosaïques, leurs plafonds enrichis de dorures et de peintures superbes, ainsi que les lampes magnifiques qui, suspendues au-dessus des tombeaux, en éclairent les marbres aux différentes couleurs.

Tout va bientôt disparaître : les plafonds menacent ruine ; une partie des lampes ont disparu et celles qui restent pendent à des poutres brisées ; l'herbe envahit les cours, et dans les pavés poussent des arbustes rabougris.

D'ici peu, tout sera complètement écroulé; il régnera alors plus que le silence dans la nécropole : l'oubli sera venu et avec lui, une seconde mort.

III

La terrasse de l'hôtel Shepheard est un excellent endroit pour passer les heures les plus chaudes de la journée ; elle donne sur l'Ezbekieh et permet d'examiner à loisir la foule bizarre qui défile continuellement.

De plus, attirés par la générosité des étrangers, un grand nombre de montreurs de bêtes, de faiseurs de tours et de charmeurs de serpents ont élu domicile sur le trottoir de l'hôtel.

L'un d'eux traine après lui un singe, un ours et un chacal; il leur fait exécuter les tours les plus extraordinaires. Un autre arrive avec un sac, le secoue et, à la grande terreur de ses voisins, en fait tomber des couleuvres, des vipères et des scorpions. Il excite les serpents qui, se dressant sur leur queue, sifflent et cherchent à mordre; puis, successivement, il les prend par la tête avec adresse, les jette en l'air, les rattrape par la queue, s'en fait un collier et finit par les remettre dans son sac. Il agit de même avec les scorpions et, sans prendre garde à leur terrible dard, les pose sur sa main et s'en sert comme de jouets.

Ça ne finirait jamais si les agents de police, pour rétablir la circulation, ne venaient, à coups de courbache, disperser la foule des curieux qui encombrent la voie.

Cependant une musique militaire se fait entendre sous un kiosque élégant: c'est celle d'un régiment noir qui joue dans le jardin de l'Ezbekieh, à la grande satisfaction des promeneurs.

Hélas! avec ses allées bien entretenues, ses gazons arrosés par des jardiniers armés de lances, et ses arbres rares mais bien soignés, nous pouvons nous croire dans quelque square de Paris. Rien n'y manque : une rivière artificielle sort d'une grotte de rochers pour retomber en cascade et former un lac ; de hautes grilles dorées défendent l'entrée du jardin à la vile multitude, et deux mille cinq cents becs de gaz se reflètent dans l'eau.

De tous côtés s'étalent des brasseries, des cafés, des restaurants et des boutiques de jouets ou de bonbons ; des bandes d'enfants bien habillés courent dans les allées et la musique exécute des airs d'opéra.

Aussi, fuyant au plus vite ces distractions trop connues, allons-nous visiter les mosquées.

IV

Le nombre en est considérable au Caire : on en compte au moins quatre cents. Mais la plus belle sans contredit est celle que fit construire le sultan Hassan vers l'année 1356.

L'édifice est grandiose, les murailles ont cent pieds de hauteur et sont couronnées par deux minarets dont l'un possède trois galeries superposées. Mais, par une bizarrerie étrange, le plan général de la mosquée affecte la forme d'une croix. Ne serait-ce pas là une vengeance de l'architecte (sans doute quelque chrétien captif) qui aura tenu à jouer un mauvais tour à ses vainqueurs?

L'entrée est imposante, et la porte atteint des dimensions colossales. C'est dans ce vestibule que Hassan, couché sur un divan, donnait audience ou rendait la justice; et la marque rouge, qui tache encore le pavé, indique assez la rigueur de ses jugements et la rapidité de leur exécution.

Heureusement pour nous, le terrible sultan ne s'y trouvait plus, mais seulement des vieillards et des enfants qui nous offrirent ces babouches en jonc sans lesquelles nul infidèle ne peut pénétrer dans les lieux sacrés. Le guide, lui, en bon musulman, se contenta d'enlever ses bottines qu'il plaça dans un coin, auprès de celles des visiteurs arrivés avant nous. On aurait pu se croire dans quelque boutique de savetier, à ne regarder que toutes ces chaussures informes gisant sur le sol. Hassan, en quoi tes descendants ont-ils converti ton ancienne chambre de justice !

Traînant péniblement nos pieds emprisonnés dans ces sortes de petits paniers de jonc, nous pénétrons plus avant dans la mosquée et arrivons dans la grande cour centrale entièrement ouverte à l'air et à la lumière.

Au centre, la fontaine aux ablutions, avec son élégante coupole surmontée d'un large croissant et les fines colonnettes qui la soutiennent, apparaît comme une merveille de grâce et de légèreté. C'est un joyau auquel les hautes murailles de l'édifice servent d'écrin.

Nous admirons encore le Mihrab tout en marbre et en porphyre, servant d'autel à la mosquée. Il indique la direction de la Mecque, vers laquelle chaque jour les fidèles doivent se prosterner. A côté, on voit encore le Menber, la chaire à prêcher, d'où le sultan adressait la parole aux assistants et proclamait ses édits.

Au fond de la mosquée, dans une salle ronde surmontée d'un vaste dôme de superbe apparence, se trouve le tombeau d'Hassan, sur lequel repose le Coran qu'il écrivit de sa propre main.

L'édifice entier est en marbre blanc et rouge; partout courent de larges bandes d'ornements; de superbes lampes pendent çà et là, et les immenses rosaces des fenêtres attirent les regards.

En un mot, tout ici est plein de magnificence et de richesse; malheureusement le temps uni à l'indifférence des musulmans a déjà commencé ses ravages et sapé l'édifice tout entier.

Si la mosquée du sultan Hassan est la plus belle du Caire, celle d'El Azhar est la plus intéressante. C'est elle, en effet, qui est regardée comme l'Université du monde musulman tout entier; c'est le dernier refuge de l'intolérance.

Aussi, au lieu de retrouver ici la solitude que nous avions rencontrée tout le temps de notre promenade à travers les mosquées et qui témoignait peu en faveur de la piété musulmane, avons-nous trouvé au contraire une multitude des plus compactes.

Ce sont d'abord les dix mille élèves qui, sous la direction de nombreux professeurs, étudient tout ce qui a rapport à la religion; assis sur des nattes, ils apprennent leurs leçons et gardent un profond silence.

Puis, passant à travers les rangs pressés des étudiants, une foule de fidèles se dirigent vers le sanctuaire. Là, le spectacle est étrange : les fontaines à ablutions sont littéralement assiégées et finissent par ressembler à quelque établissement de bains. Le spectacle même prêterait à rire, si ce n'était la majesté de l'endroit; car on ne voit que gens sautant dans les piscines et en ressortant au plus vite, pour, une fois habillés, aller se ranger sur des tapis, par files de dix ou vingt personnes, et d'un même mouvement se prosterner la face contre terre dans la direction du Mihrab.

Puis la prière commence et la piété est édifiante; tous paraissent convaincus et se livrent à leurs exercices religieux avec dignité et sans aucun respect humain. Le visiteur lui-même, saisi par la grandeur de cette scène, reste silencieux et ne laisse échapper aucun geste inconvenant ou capable d'offenser les fidèles; il sent parfaitement qu'il attirerait sur lui une prompte et terrible répression.

En sortant, nous passons du côté où sont entretenus aux frais publics trois cents aveugles. Ce sont, paraît-il, les plus fermes soutiens des vieilles coutumes, des idées religieuses et de l'intolérance; ils se distinguent, entre tous, par leur haine contre les infidèles.

Mais la mosquée d'El Azhar est non seulement un sanctuaire vénéré et un collège très en vogue, elle est encore un lieu d'asile pour tous les musulmans étrangers qui, trop pauvres pour trouver un logis dans la ville, viennent passer la nuit à l'abri de ses hautes murailles; et nous pûmes voir à l'entrée, quantité de pèlerins, de malades et de mendiants, dévorant les provisions qu'on leur distribuait.

Grâce aux dons qui affluent de tous côtés, les prêtres font encore des distributions de pain et d'argent aux étudiants pauvres, et répandent leurs largesses sur toutes les infortunes des alentours. Aussi, à ceux qui prétendent que le scepticisme religieux a gagné l'Égypte, je conseille une simple visite à la mosquée d'El Azhar. Je suis certain que quelques instants passés dans ce sanctuaire, au milieu de la foule recueillie, suffiront pour modifier profondément leur opinion.

V

Il était rationnel de terminer notre longue promenade à travers les mosquées par une visite aux derviches, et après le clergé régulier voir le clergé indépendant.

Ce fut la secte des derviches tourneurs qui nous attira tout d'abord.

Il y avait foule et à peine trouvâmes-nous place, car, hélas! en Égypte comme ailleurs, ce sont les excentricités qui passionnent les masses!

Quand nous entrâmes, les prêtres descendaient l'escalier qui conduit de leurs cellules à la salle des... cérémonies, j'allais dire du théâtre, car disposé comme il l'était, ce local ne différait guère de ceux où ont lieu les exhibitions habituelles.

Cependant, les bras croisés, revêtus de robes blanches, la tête couverte d'un haut bonnet de feutre, les derviches s'avancent en silence et se rangent respectueusement en face d'un vieillard à longue barbe blanche. Puis, à un signal donné par ce dernier et au son d'une musique plaintive, mais pleine de douceur, les prêtres ouvrent les bras, les étendent et commencent à tourner.

Les yeux au ciel, la tête renversée en arrière, et comme plongés dans une profonde extase, ils valsent sur place avec une rapidité toujours croissante. Le silence est profond, on n'entend que le bruit des pieds qui frôlent le parquet. La robe, alourdie par des balles de plomb, suit le mouvement du danseur et s'évase autour de lui ; de sorte que chaque derviche nous apparaît comme un énorme éteignoir tournant autour d'un pivot.

Cependant la valse continue toujours et semble ne pas devoir finir. Les yeux du spectateur sont troublés, une sorte de fascination s'empare de sa raison et domine ses sens ; tout tourne devant lui, il croit tourner lui-même. Heureusement, la musique faiblit peu à peu, les derviches s'arrêtent, s'inclinent successivement devant leur chef et se retirent sans bruit. La foule elle-même se disperse et bientôt il ne reste plus que quelques fanatiques qui, gagnés par une ivresse irrésistible, ont pris place dans l'enceinte réservée, et gravement eux aussi se sont mis à tourner.

Il nous restait à voir une autre secte plus curieuse encore : je veux parler des derviches hurleurs.

Autant les premiers nous avaient paru calmes et inspirés, autant ceux-ci avaient la figure convulsionnée et menaçante.

Assis en cercle autour du plus ancien d'entre eux, ils récitaient une sorte de litanie en balançant lentement la tête d'avant en arrière. Peu à peu le mouvement augmenta de rapidité, devint excessif, et tout le corps se mit de la partie. On n'entendait plus que le mot « Allah » répété sans cesse et sortant de poitrines haletantes; bientôt ce fut une sorte d'aboiement continu.

Puis tout à coup, comme pris de délire, les derviches se levèrent et tous ensemble, se prenant par les bras, ne formèrent plus qu'une chaîne. D'une voix rauque, poussant un hurlement farouche, ils bondirent en arrière, puis, avec un nouveau rugissement, se précipitèrent en avant, pour recommencer ainsi indéfiniment. Les yeux hagards, l'écume à la bouche, ils étaient épouvantables.

Cependant une partie de l'assistance ne parut pas partager notre impression: car, gagnées par une sorte de vertige, bon nombre de personnes s'étaient mises à l'unisson et hurlaient de leur mieux avec les prêtres.

C'est, arrivés à cet état de surexcitation, que certains derviches, pour prouver leur indifférence à la douleur, se font percer les joues avec de longues aiguilles et se frappent à coups redoublés avec un fouet de chaînettes de fer.

Quant à leur chef, l'Imam, comme on l'appelle et auquel on attribue le pouvoir de faire des miracles, il se contente pour guérir les malades qui lui sont amenés de les faire étendre par terre et de piétiner sur leur poitrine pendant quelques instants. Et, chose stupéfiante, nous vîmes un tout jeune enfant sur le corps duquel l'imam s'était tenu debout un moment, se relever le rire aux lèvres !

Mais qu'est-ce que tout cela, en comparaison de ce qui devait bientôt avoir lieu, quand, au retour de la caravane de la Mecque, le chef des derviches, monté sur son cheval, allait passer sur le tapis humain formé par d'innombrables fanatiques étendus les uns près des autres !

Heureusement, le jour de notre visite, l'imam, révolté sans doute par notre présence, mit vite fin aux exercices de ses acolytes, et nous pûmes le voir, soutenu par de charitables mains, gravir péniblement l'escalier conduisant à sa demeure particulière.

VI

Tout écœurés de ces spectacles, nous revenons par les rues du vieux Caire, et le guide met une véritable coquetterie à nous en montrer les principales curiosités. Comme un bon chef, il tient la tête de notre petite caravane et indique le chemin; derrière nous courent les âniers qui, avec leur bâton pointu, excitent nos montures. Nous allons un train d'enfer, toujours au galop; mais nos jambes touchent presque terre et les chutes ne seront pas dangereuses.

Le chemin que nous suivons, d'abord assez large, se rétrécit peu à peu. Les maisons se succèdent sans régularité, et toutes les lois de l'alignement sont méprisées.

Ici, c'est une maison basse avec une seule ouverture en forme de soupirail; là, un immense escalier de bois occupe toute la façade d'une haute bâtisse et conduit à la porte d'entrée qui semble avoir été placée loin de terre de peur de quelque inondation.

Plus loin, c'est une maison en ruine dont les débris jonchent le sol. Le propriétaire, plutôt que de la réparer, l'a abandonnée et s'est établi ailleurs.

Une rue entière est en démolition; mais les travaux ont été abandonnés par négligence ou par manque d'argent, et les murailles à demi éventrées étalent leurs blessures. Le temps seul se chargera de terminer ce que les hommes ont commencé.

Des centaines de chiens habitent ces masures abandonnées, et la nuit, se réunissant à ceux de la plaine, parcourent la ville par troupes nombreuses. Ce sont les employés de la voirie, et seuls ils se chargent de débarrasser les rues du Caire des immondices qui y sont journellement jetées. Heureux pays où la Providence pourvoit même au nettoyage des chemins!

Une sorte de règlement s'est même introduit parmi ces animaux, qui, divisés par bandes, se sont partagé les différents quartiers de la ville. Chaque troupe connait les limites de son territoire, et si quelque indiscipliné s'aventure au pays voisin, il est bientôt reconduit dans ses propriétés par une bande affamée et toute prête à le dévorer.

À mesure que nous pénétrons plus avant dans le Caire, la population augmente et les maisons se succèdent sans interruption.

L'étroitesse des rues ne nous permet plus de passer de front; à l'éclatant soleil a succédé une demi-obscurité. Les

UNE RUE EN DEMOLITION.

UNE JOURNÉE AU CAIRE.

murailles ont gagné en hauteur, et, pareilles à des excroissances, une foule de moucharabis offrent à nos yeux leurs fines découpures et interceptent la lumière.

De toutes ces sortes de cages de bois collées aux flancs des maisons sortent de joyeux éclats de rire : femmes et enfants crient après nous, et leurs moqueries redoublent à la vue d'un de nos amis qui roule sur sa selle d'une façon déplorable.

Que de facilités pour la causerie doivent offrir ces moucharabis ! A l'abri des yeux indiscrets, les femmes bavardent entre elles d'une maison à l'autre ; on tient salon en plein air, et dans ces étroites ruelles, des deux maisons se faisant face, on peut se tendre la main. Le promeneur lui-même y trouve son compte, et à l'abri du soleil peut vaquer sans fatigue à ses occupations.

Cependant notre guide tourne tout à coup à gauche, et s'enfile sous une porte étroite. Le spectacle change ; ici, plus de hautes murailles ni d'élégants moucharabis, plus de joyeux rires. La rue est pleine de monde, les maisons uniformes et basses. Dans leurs boutiques, au ras

du sol, les marchands, assis sur leurs talons, travaillent silencieusement. Nous sommes dans le quartier des tailleurs, et de tous les côtés apparaissent les étoffes aux couleurs brillantes et brochées d'or ou d'argent.

Plus loin, un bruit de marteaux se fait entendre : ce sont les forgerons, les ciseleurs et les armuriers ; encore une porte à franchir et nous sommes au milieu d'eux. Là, sous des ciseaux habiles, les vases de cuivre se recouvrent de dessins étranges, les armes s'incrustent d'or et de pierreries, les boucliers et les cuirasses fouillées avec soin s'enrichissent de scènes de guerre et d'amour.

Puis ce sont les bijoutiers avec les produits du Soudan et les objets de filigranes. Leurs boutiques étalent quantité de pierres précieuses, presque toutes non montées et enchâssées dans de la cire.

Comme toujours, l'argent a attiré ses plus fervents adorateurs : aussi, la rue qui suit nous montre-t-elle un choix entier de profils israélites.

Bien reconnaissables d'ailleurs à leur turban noir imposé par l'usage, ils se tiennent assis à la porte de leur demeure près d'une petite table portant les instruments de leur commerce : une balance et des piles de pièces de monnaie de toute nature.

Essayez d'avoir recours à eux pour échanger votre monnaie de France, et vous verrez ce qu'ils gagnent à ce métier ! Mais surtout examinez bien les pièces qu'ils vous rendront : il y en aura certainement une bonne partie de fausses ou de rognées.

Comme l'israélite est loin ici de jouir de l'influence qu'il a su si bien conquérir en Europe ! Il est encore sous le poids du mépris général ; nos âniers eux-mêmes le regardent avec dédain et crachent en passant : mais soyez tranquilles, il s'en souviendra le jour où ils auront besoin de lui.

Au bout de la rue des Juifs, le guide parut hésiter un moment sur la direction à prendre ; puis, mettant brusquement son âne au grand trot, il nous entraîna dans une ruelle où une foule de femmes, le visage découvert, se tenaient sur le seuil des maisons. Il y en avait de toutes les races : des blanches, des noires et des jaunes ; depuis la Soudanaise aux lèvres épaisses, au nez épaté, aux cheveux crépus et à l'air farouche, jusqu'à l'Abyssinienne aux yeux tristes et au doux regard.

Les demeures étaient des plus pauvres, et dans l'espèce de cave où elles habitaient on ne distinguait que quelques meubles d'aspect misérable : le lit même était en pierre et à peine recouvert d'une natte.

Nous comprîmes facilement où nous étions et la raison qui avait engagé notre drogman à prendre une allure rapide ; car, dès que les femmes se furent aperçues que nous nous étions introduits chez elles en curieux et non en admirateurs, les injures se mirent à pleuvoir de tous côtés.

Aussi, fuyant au plus vite ce dangereux voisinage, nous

rentrâmes bientôt dans une rue mieux habitée. D'ailleurs, la plus forte chaleur de la journée étant passée, le moment était venu d'aller à Choubrah, dans cette belle et

large allée bordée d'acacias et de sycomores à l'abri desquels le monde élégant du Caire vient chaque jour se promener et se faire voir.

Il y a foule; les voitures prennent la file, les cavaliers plus libres dans leurs mouvements se glissent à travers les équipages en saluant les personnes de connaissance.

C'est un véritable coin du bois de Boulogne; plus simple et moins bien peigné il est vrai, mais avec les mêmes attelages et les mêmes cochers. Tout y est, depuis les lourds carrossiers normands jusqu'aux voitures du dernier genre.

Étrangers et musulmans s'y coudoient et font assaut de luxe et d'élégance. A peine voilées, les femmes de harem rivalisent de toilette avec les Européennes, et l'eunuque, s'il occupe encore une place sur le siège de la voiture, n'y remplit plus que le rôle de valet de pied.

Le khédive vient souvent se promener sous les ombrages

de Choubrah : alors chacun s'arrête et fait place à la calèche royale qui passe au grand trot précédée d'un peloton de soldats.

Mais, hélas! le vice-roi lui-même a cédé à l'entrainement général et ses chevaux et ses gens n'ont plus rien d'oriental.

Aussi, les hauts personnages égyptiens ont-ils suivi l'exemple donné par la cour : plus de saïs courant devant les voitures avec leur bâton à la main; chaque attelage a laissé le sien à l'entrée de la promenade et ne le reprendra qu'au retour pour se frayer un passage à travers les rues du Caire dont la population est habituée à recevoir les coups sans se plaindre. Ici, au contraire, tout le monde est sur le même pied : c'est un terrain neutre où les différentes classes se rencontrent et se confondent.

De chaque côté de la promenade se trouvent de charmantes maisons de campagne, des jardins pleins de fleurs, des palais superbes au milieu de parcs ombreux. L'ancienne résidence de Mehemet-Ali surtout, avec ses bassins de marbre, ses colonnades, ses kiosques qui s'avancent sur l'eau et son délicieux entourage d'arbres de toute nature, est bien faite pour charmer les yeux des visiteurs.

Cependant il nous faut quitter Choubrah et regagner vivement l'hôtel. Nous n'avons plus de temps à perdre, car ce soir un bienveillant ami nous a prié de venir partager sa loge à l'Opéra.

VII

Le théâtre khédivial, inauguré en 1869, ne diffère guère de tous les établissements du même genre. Construit à une époque de fol entraînement pour les idées modernes, il ressemble à tous les théâtres possibles.

Une troupe italienne ou française y joue l'hiver, et c'est même au Caire que l'*Aïda* de Verdi a été représentée pour la première fois.

Les artistes ne sont ni meilleurs ni plus mauvais que les nôtres, et il est à remarquer qu'ici comme ailleurs ce sont les opérettes et les ballets qui ont le plus de succès.

Ce soir-là une troupe française interprétait les *Brigands*, et l'assistance paraissait apprécier fort la musique d'Offenbach. Les habitués de l'orchestre, en habit noir et coiffés du fez, applaudissaient vigoureusement; et, vue d'en haut, cette multitude de calottes rouges formait un curieux tableau.

Les loges étaient resplendissantes, et les Levantines, couvertes de diamants, ne démentaient pas leur réputation de beauté. Elles causaient et riaient bruyamment; mais c'était surtout dans la loge occupée par le harem du vice-roi que la gaieté paraissait la plus complète, et malgré le store de dentelle blanche qui les isolait du public, on distinguait tout un groupe de jeunes femmes en grande toilette babillant et riant à l'envi. Que n'aurions-nous pas donné pour soulever un instant le léger voile qui les dérobait à nos regards!

Le spectacle ayant pris fin, nous revenions tranquillement à l'hôtel, quand il nous prit fantaisie d'aller visiter quelques cafés arabes. Après nous être plongés tout le jour en pleine vie musulmane, pouvions-nous en conscience terminer notre soirée par une banale représentation à l'Opéra?

Nous entrâmes dans le premier établissement venu, nous prîmes place sur des tabourets et on mit de suite devant nous quelques minuscules tasses rondes pleines d'un liquide noir et boueux.

Certes, si l'odorat fut charmé par le parfum de café qui s'en échappa, il n'en fut pas autant de la vue, et ce fut avec défiance que je goûtai à la chose. J'avais tort, c'était exquis; d'un commun accord nous en redemandâmes et profitant du temps nécessaire à la préparation du nouveau café je jetai un coup d'œil autour de moi.

Nous étions dans une grande salle ouverte complètement sur la rue; un vaste divan en nattes courait le long des murailles nues et blanches, et bon nombre de fellahs assis sur des cages de bambou jouaient aux dames et aux échecs, pendant que d'autres s'étudiaient à répartir, selon une loi fixe, des petites pierres dans plusieurs trous creusés dans le sol.

Armés de leurs longs *tchibouchs*, ils buvaient force café et gesticulaient avec animation de sorte qu'il nous était facile de suivre les phases que la capricieuse fortune se plaisait à leur faire parcourir.

Tout au fond de la salle, un certain nombre de fumeurs se tenaient assis sur le divan. Mornes et la figure impassible, les yeux fixes, ils savouraient les douceurs de la fumée du haschisch. Inutile de s'occuper d'eux : ils étaient là, en extase, pour toute la nuit.

Devant l'établissement, assis sur le sol, se trouvait un individu entouré d'une nombreuse assistance. La parole animée de l'orateur et ses gestes expressifs paraissaient impressionner fortement ceux qui l'écoutaient; souvent même un « ah! » sympathique et général interrompait son récit.

C'était un conteur populaire disant quelque histoire d'amour vieille comme le monde, mais qui passionnait encore les auditeurs. Notre ignorance complète de la langue du pays ne nous permettant malheureusement pas de partager les plaisirs de cette foule, nous sortimes pour visiter un autre café d'un ordre plus élevé :

Dans celui où nous entrâmes, la clientèle paraissait plus riche; en tous cas, les meubles étaient plus confortables et deux musiciens se faisaient entendre du haut d'une estrade. L'un d'eux, même, commença bientôt une de ces mélodies monotones et nasillardes qui ont le don de charmer les indigènes, mais que ne peuvent supporter les oreilles des étrangers : d'ailleurs tous ces chanteurs, étant de nationalité grecque ou italienne, nous intéressaient peu.

On nous offrit bien d'aller dans plusieurs cafés-concerts, mais nous ne connaissions que trop ce genre d'établissements où d'innocentes jeunes Allemandes viennent gagner la petite dot qui leur permettra, dans la suite, d'épouser le fiancé de leur choix.

Aussi préférâmes-nous rentrer à l'hôtel goûter un repos mérité après une journée si bien employée.

SOIRÉE CHEZ LE CONSUL

SOIRÉE CHEZ LE CONSUL.

Le consul nous avait invités à passer la soirée chez lui ; aussi, après avoir soigneusement oublié de revêtir l'habit noir, allâmes-nous chez ce haut dignitaire, un brave Égyptien qui ne connaissait de la langue française que deux phrases qu'il cherchait sans cesse à placer : « Comment allez-vous, Monsieur ? » et : « Merci beaucoup, Monsieur. » C'était, pour lui, le fond de notre langue, et Dieu sait combien de fois il nous servit ces quelques mots !

Il cumulait une foule de fonctions, consul, marchand d'antiquités, contrebandier dans ses loisirs ; d'ailleurs absolument sans scrupules au point de vue de l'argent.

Rigoureux observateur de la loi du Prophète, il refusait de boire du vin, mais acceptait volontiers l'eau-de-vie et les liqueurs.

Au reste, comme la plupart de ses collègues, se couvrant de son titre de consul pour enfreindre à sa convenance les lois du pays, il trafiquait sans vergogne de sa haute dignité.

Rien de plus curieux que de le voir manœuvrer pour nous placer quelques-uns de ses bibelots. A peine nous voyait-il en conversation avec un Arabe porteur de curiosités, qu'il venait à nous comme par hasard; alors, sous prétexte de nous donner des conseils, il se faisait montrer les objets et parvenait toujours à nous les faire refuser, pour une raison ou pour une autre; puis, par l'intermédiaire du drogman, son compère, il nous indiquait un autre marchand qui, selon lui, avait de bien plus jolies choses, et nous mettait de suite en rapport avec lui. Mais c'était surtout arrivés chez ce dernier que la scène devenait amusante.

Afin de mieux nous tromper, le consul affectait de trouver tout trop cher, et accablait d'injures le marchand qu'il allait même jusqu'à frapper; aussi, au bout d'une heure de pourparlers, et malgré notre défiance, sortions-nous chargés de mille acquisitions, remerciant mille fois le consul de nous avoir fait acheter horriblement cher quelque objet de fabrication moderne.

Malgré ses roueries, nous avions pour lui un réel attachement et nous étions les premiers à rire des tours qu'il nous jouait. Nous l'invitions souvent à venir dîner ou à prendre le café, ce qui nous permettait de l'interroger sur les curiosités du pays.

C'était même pendant ces moments-là que mon ami Henri M... lui faisait expier ses fourberies en l'accablant des reproches les plus amers sur sa conduite, et, afin de compromettre sa part de Paradis, le faisait boire à la santé

du Pape et à la confusion du Prophète. Le pauvre homme, qui n'y comprenait rien, se laissait faire, vidait son verre, et quand Henri M... l'appelait « affreux brigand », il lui répondait invariablement : « Merci beaucoup. »

Parmi les nombreux moyens que possèdent les consuls en Égypte pour extorquer de l'argent aux étrangers, il en est un qui réussit infailliblement : c'est l'annonce d'une danse d'almées.

Notre homme n'avait pas manqué de l'employer et nous avait fait son invitation dans la journée ; nous acceptâmes avec enthousiasme et attendîmes impatiemment la nuit. Enfin, notre dîner terminé, quelques coups de feu partis de l'habitation consulaire nous avertirent que la fête allait commencer.

Le consul nous attendait à l'entrée de sa maison, et nous gravîmes ensemble les hautes marches de l'escalier monumental qui conduisait aux appartements intérieurs, disposés d'une charmante façon. Construits sur les ruines d'un ancien temple, ils semblaient former le premier étage d'une gigantesque demeure, et les hautes colonnes de l'antique édifice faisaient l'effet d'énormes pilotis.

Des fenêtres on dominait le Nil, coulant à nos pieds ; les chants des matelots montaient des barques jusqu'à nous ; au loin la vue s'étendait jusqu'à la vallée des tombeaux des rois et sur les ruines des temples qui, aperçues à travers la clarté des nuits lumineuses d'Orient, prenaient des dimensions colossales.

Mais ce soir-là, nous ne nous arrêtâmes pas longtemps à contempler ce spectacle : un bruit significatif, parvenant jusqu'à nous, faisait battre les cœurs.

En entrant dans la salle où tout le monde était rassemblé,

nous éprouvâmes un véritable ravissement devant le tableau qui s'offrait à nos yeux.

A l'extrémité de l'appartement, réunis en un seul groupe, almées et musiciens étaient assis sur quatre rangs de profondeurs. Les trois premiers rangs étaient composés de danseuses et de chanteuses; les musiciens formaient le dernier, avec leurs instruments étranges et parfaitement inconnus des artistes européens.

Les femmes, leurs cheveux entremêlés de sequins et leurs costumes brillants constellés de pièces d'or, présentaient un charmant tableau; leur peau cuivrée, vivement éclairée par les nombreuses bougies des lustres, prenait un éclat particulier et leurs grands yeux brillaient de mille flammes.

A peine étions-nous installés sur les divans que l'orchestre préluda; et rien ne peut donner l'idée d'une pareille musique à celui qui ne l'a pas entendue, dans ces lointaines régions. L'impression qu'elle produit est intraduisible.

De ces sortes de violons à deux cordes, de ces harpes de bambous, de ces tambours de formes bizarres, de ces flûtes de roseaux, sortent des modulations tristes et sourdes qui, parcourant presque toujours les mêmes notes et redisant la même phrase, exercent une influence étrange, et finissent par plonger le spectateur dans une sorte de demi-sommeil. L'oreille s'habitue à ce rythme monotone et les sens alanguis goûtent le bien-être du repos.

Tout à coup des crotales se firent entendre, les femmes

se mirent à chanter, accompagnées par l'orchestre, et deux d'entre elles, se levant, s'avancèrent pour danser.

Nues jusqu'à la ceinture, le bas du corps couvert par un large pantalon bouffant, les pieds chaussés d'étroites mules, les cheveux répandus sur les épaules, les bras et le cou chargés de bracelets et de colliers, elles se placèrent l'une en face de l'autre; puis, arrondissant gracieusement les bras au-dessus de leur tête, elles se mirent à danser en s'accompagnant avec leurs castagnettes.

Ce fut d'abord un trépignement assez lent, pendant lequel les deux femmes confondant leurs regards cherchèrent à s'animer réciproquement; peu à peu le mouvement s'accélera, les yeux s'allumèrent, et, excitées par les cris et les chants de leurs compagnes, les deux danseuses semblèrent se griser de leur propre ardeur. Leurs regards devinrent fixes, la tête retomba en arrière, et arrivées à un dernier paroxysme de folie, laissant glisser leurs derniers vêtements, elles exécutèrent cette fameuse danse « du ventre » si appréciée des Orientaux.

Rien de plus répugnant cependant que cette sorte de scène, le dégoût le plus complet envahit le cœur devant un tel spectacle. Peut-être, autrefois, alors que cette danse était exécutée par de véritables artistes, au milieu des temples, dans les cérémonies religieuses, et suivant des rites consacrés, peut-être alors, dis-je, pouvait-elle avoir une signification particulière et produisait-elle une profonde impression sur les initiés; mais tel qu'il existe

DANSE D'ALMÉES DANS LE TEMPLE
DE KARNAK.

aujourd'hui, ce spectacle, où ne figurent plus que de vulgaires prostituées, est simplement odieux.

Et cependant combien de charmants visages parmi ces almées dégénérées! Quels traits fins et délicats! Comme le corps est souple et gracieux, comme les attaches et les extrémités sont fines!

Une de ces danseuses surtout nous frappa d'admiration. On aurait cru voir une véritable fille des Pharaons, tant son visage régulier ressemblait aux statues égyptiennes de la bonne époque!

Enfin la fête prit fin et nous revînmes à notre habitation fort désillusionnés sur les danses d'almées.

Souvent, dans la suite de notre voyage, nous assistâmes à de pareils divertissements et nos impressions sur ce sujet se résument ainsi : en Égypte, comme ailleurs, la chorégraphie est le moindre des moyens de fortune pour une danseuse.

LOUQSOOR

LOUQSOOR

Le dimanche était arrivé et la cloche appelait les fidèles.

Je me rendis à son invitation avec une véritable curiosité ; une église chrétienne à Louqsoor, sur les ruines de la Thèbes aux cent portes, en face du tombeau des Pharaons !

C'était une très modeste chapelle italienne, qui, adossée au temple de Louqsoor, disparaissait presque dans l'ombre de son superbe voisin. On eût dit qu'elle cherchait à se faire pardonner sa présence dans ce lieu étrange et, comme l'humble fleur des champs, son seul parfum, celui de l'encens brûlé devant l'autel, la faisait découvrir.

Quelques pas la séparaient de notre habitation et pourtant, dans ce court trajet, nous eûmes le temps d'apercevoir un santon, entièrement nu, dansant et hurlant comme un insensé au milieu d'une foule de musulmans respectueux et recueillis.

Les deux religions étaient en présence, et je dois avouer que c'était le santon qui avait le plus de disciples.

Avec quelques bonnes bourrades, nos guides parvinrent à nous faire faire place et nous entrâmes.

C'était une construction très simple, mais blanche et gaie. Sur les murs s'étalaient les symboles habituels, et les mêmes chants sacrés, communs aux catholiques, se faisaient entendre.

Nous pouvions nous croire dans une de nos petites églises de campagne, et certes le recueillement y était édifiant.

Tous ces pauvres fellahs, accroupis sur le sol, paraissaient plongés dans une sorte de béatitude. Ici, plus de bourrades ni de coups: Européens et Arabes, riches et pauvres, serrés et confondus dans l'étroit parvis, semblaient bien les membres d'une même famille.

Un air de dignité était répandu sur les traits de ces déshérités de la fortune: ils se sentaient relevés à nos yeux et par conséquent plus forts.

Quelles singulières réflexions m'assaillirent pendant ces courts instants!

Cependant l'office était terminé; la masse des fidèles s'écoula silencieuse, et en route nous songions à ce contraste étrange : le grand empire d'Égypte, ce berceau d'une antique et splendide civilisation, désolé et en ruine; une seule chose jeune émergeant de tous ces débris ; l'ancienne esclave, l'ancienne fugitive, l'Église.

Sur notre chemin, nous retrouvâmes encore le hideux santon, au milieu de la même foule groupée sur les hautes colonnes du temple égyptien ; il continuait à se livrer aux plus étonnantes contorsions, tandis qu'au-dessus de sa tête la cloche de la chapelle sonnait son joyeux carillon, comme pour attester la grande tolérance de ces pays d'Orient, réputés cependant si fanatiques.

LES TOMBEAUX DES ROIS

LES TOMBEAUX DES ROIS

La grande idée qui domine l'Égypte ancienne est celle de la mort.

Peu importe le temps présent qui est court ; mais que de soins ne doit-on pas apporter à la demeure dans laquelle on attendra cette heure lointaine où l'âme vagabonde, purifiée par une longue migration, viendra enfin rechercher son enveloppe première pour entrer dans le séjour véritable du bonheur et prendre place auprès des dieux.

Mais pour atteindre cette félicité suprême, il faut que le mort soit préservé de tout contact impur, qu'il reste intact, qu'il soit à l'abri de tout sacrilège ; et c'est pourquoi, chacun néglige sa demeure présente, pour ne penser qu'à construire un tombeau.

Par crainte de la profanation, on cherchera quelque endroit désert et ignoré ; on y creusera la montagne, car loin de construire quelque brillant édifice pour attirer les regards et flatter l'orgueil, c'est dans le sein de la terre qu'on va déposer et cacher la mortelle dépouille.

Une toute petite entrée bien étroite, bien dissimulée sous des débris de toutes sortes, puis à l'intérieur un couloir très apparent conduisant à une chambre déserte, voilà

ce que nous trouvons généralement ; mais ce n'est qu'une ruse ; cherchez, fouillez dessous, dessus, à gauche, à droite, vous tomberez peut-être sur la véritable entrée qui vous conduira à la chambre secrète dans laquelle est déposée la momie, entourée de bandelettes, au milieu de son grand sarcophage de pierre.

Combien de fausses pistes avant d'y parvenir ! Car tout

a été mis en œuvre pour tromper ou dérouter celui qui chercherait à profaner le tombeau, et partout apparaît cette pensée constante : dissimuler le mort.

Assurément, ce serait une recherche bien futile que celle qui aurait pour but unique de violer des sépultures, et si ce n'était que pour satisfaire une vaine curiosité nous n'aurions pas assez de termes de mépris pour les profanateurs. Mais la science est exigeante, elle cherche chaque jour à dissiper le brouillard obscur qui entoure les premiers âges du monde et elle sait qu'en ouvrant ces demeures souterraines elle verra jaillir la lumière souhaitée.

C'est que non seulement chaque individu a tenu pendant sa vie à construire une retraite pour son corps, mais c'est qu'en outre il a voulu orner son tombeau et en faire un véritable musée : pensant que mort, il lui serait agréable de se voir encore entouré de tout ce qu'il avait aimé pendant la vie.

Aussi s'est-il plu à reproduire sur les murs de sa dernière habitation les scènes auxquelles il était mêlé de son vivant ; il nous a laissé la fidèle image de sa vie.

A l'entrée du tombeau nous trouvons son nom, sa qualité et sa profession de foi : il offre des sacrifices aux dieux. Humble, prosterné, les mains chargées d'offrandes, il cherche à fléchir la colère de ses juges.

Il nous fait assister ensuite à son dernier voyage, celui qu'il va accomplir bientôt sur la barque sacrée. Nous la voyons cette terrible barque voguant sur des flots effrayants et nous assistons enfin à la pesée de l'âme et au jugement définitif.

Telle est la principale histoire qui tapisse les murs du couloir et de la chambre sépulcrale ; mais nous rencontrons encore d'autres petites chambres dans lesquelles sont représentés quelques tableaux plus intimes de la vie du défunt.

Voici des scènes d'enfance ; et une fresque nous montre une mère revenant de la promenade avec ses deux enfants ; les serviteurs s'empressent autour d'eux ; elle s'est assise, on présente des rafraîchissements à l'aîné des fils qui semble boire avec plaisir, tandis que l'autre se précipite vers les jouets qu'agite une jeune esclave.

Nous voyons encore le maître aller à la chasse ; il y est même fort heureux ; le gibier s'amoncelle devant lui et les serviteurs en sont chargés. Son adresse est merveilleuse ; ici sa flèche traverse plusieurs oiseaux ; là, c'est une gazelle blessée au défaut de l'épaule, dont le sang s'écoule. Quels chiens parfaits l'accompagnent! Un buffle cherche à s'enfuir, un d'eux lui saute à la gorge tandis qu'un autre lui saisit bravement le bout de la queue. Il est bien pris cet animal! et le chasseur n'a plus qu'à le percer de son épieu.

Nous assistons ensuite à une pêche miraculeuse, et certaine peinture très bien conservée nous montre le maître assis dans une barque superbe, regardant ses matelots retirer un immense filet dans lequel se débattent d'innombrables poissons.

Puis vient un riche propriétaire qui, dans un fauteuil

porté par deux ânes, visite ses domaines. On lui offre des

UN AMATEUR DE HIÉROGLYPHES.

présents, il passe la revue de ses animaux domestiques, il compte ses richesses.

Il se fait aussi payer ses fermages, et nous apercevons que les fermiers d'alors n'étaient guère plus accommodants que ceux d'aujourd'hui.

Plus loin, c'est la récolte des céréales, et nous voyons les moyens qu'employaient les Égyptiens pour battre les grains : moyens bien primitifs, et qui consistaient à faire passer un troupeau d'animaux sur les épis répandus sur le sol.

Nous pouvons enfin prendre notre part d'une grande réception : les invités sont nombreux et les appartements ornés de fleurs; des esclaves offrent des rafraîchissements; une troupe de musiciens se fait entendre. Puis d'autres amis arrivent, conduisant eux-mêmes des chars à deux chevaux; les serviteurs s'élancent au-devant des nouveaux venus, emportent leurs bagages et les introduisent dans la salle des fêtes.

Nous sommes à même également de pénétrer les mystères de l'apparat funéraire et d'assister à toutes les opérations que comporte l'embaumement. Si cela nous convient encore, nous pouvons suivre le cortège qui transporte la momie à sa dernière demeure et nous entendrons les lamentations des pleureurs.

Voilà quel est en général le tombeau d'un personnage important de l'ancienne Égypte. Est-ce celui d'un roi? nous y retrouvons en plus le récit de ses conquêtes et de ses hauts faits.

C'est ainsi que nous verrons défiler devant le monarque,

assis sur son trône, des esclaves représentant toutes les nations vaincues. Ils s'avancent enchaînés, apportant des présents figuratifs du tribut imposé à chaque peuple.

Les visages et les costumes de ces prisonniers sont loin de se ressembler, et il nous est encore facile de distinguer en eux des échantillons de plusieurs races. On voit des nègres au nez épaté et aux lèvres épaisses, des Sémites reconnaissables à leur profil accentué et à leur coloration rouge plus foncée que celle employée par les Égyptiens pour se représenter eux-mêmes. Ils conduisent avec eux des animaux de leur pays qui nous aident encore à déterminer la contrée qu'ils représentent.

D'autres portent la barbe, d'autres enfin sont chaussés à la façon étrusque.

Tous les peuples, éprouvés par la force des armées égyptiennes, figurent ici; souvent même le nom de la nation se trouve écrit sur quelqu'un des objets portés par le prisonnier; et c'est ainsi que certains points de la Bible ont pu être contrôlés, car plus d'une fois le nom d'Israël est inscrit près d'un personnage portant le tribut dû au vainqueur égyptien : attestation bien évidente des longues luttes relatées par l'histoire sainte.

Tous ces tombeaux étant décorés de la même façon, les parcourir serait assez fastidieux, si l'on n'était distrait par mille détails et mille scènes patriarcales qui nous font vivre de la vie de ce peuple.

Les peintures sont d'une entière fraîcheur et la composition d'une scrupuleuse vérité. C'est par elles que nous connaissons le costume et les parures des Égyptiens, de même que les animaux qui peuplaient le pays. Ils sont

tous parfaitement reconnaissables. Nous voyons également la manière dont les Égyptiens construisaient leurs temples, les outils dont ils se servaient, et les moyens de traction alors en leur pouvoir. Nous faisons enfin connaissance avec leurs dieux, et leurs cérémonies religieuses.

Les hiéroglyphes nous expliquent ces scènes, nous désignent l'époque, et les murs des tombeaux deviennent les pages d'un livre véridique que nous lisons parfaitement aujourd'hui, grâce aux travaux de Champollion.

Les tombeaux d'Égypte peuvent se diviser en deux catégories : ceux construits au-dessus du sol à l'aide de pierres énormes, et ceux dissimulés dans le sein de la terre.

Les premiers, les plus anciens et les plus grands, nous frappent d'étonnement par la masse prodigieuse qui recouvre la chambre mortuaire. L'esprit demeure confondu devant les Pyramides et recule effrayé à la pensée des efforts qu'ont coûtés de pareils monuments.

Cependant, malgré leur beauté, ces immenses tombeaux sont loin de nous offrir autant d'intérêt que ceux, plus modestes, qui se trouvent près de Thèbes.

Ces derniers appartiennent à la seconde catégorie. Loin de s'élever glorieusement au-dessus du sol et de défier le temps par l'immensité de leur masse, ils semblent se cacher humblement sous la terre, et chercher l'oubli. Et pourtant, que de trésors ils renferment! Et comme nous les préférons aux Pyramides!

L'aspect de la montagne, qui les renferme, n'en rend point cependant la visite agréable. Pour s'y rendre on traverse un désert de sables brûlants, et des gorges profondes, dénuées de toute végétation, où règne l'aspect de la mort : les rayons du soleil s'y concentrent, la chaleur est accablante, le corps et l'esprit fatigués sont à bout de forces.

Heureusement, les guides s'arrêtent enfin devant un trou sombre qui s'ouvre dans le flanc de la montagne; on pousse un soupir de soulagement, on touche au but.

Et c'est avec une curiosité bien légitime que nous nous pénétrons dans l'excavation, car l'idée de se trouver dans le palais souterrain qu'un Pharaon s'est plu à faire creuser pendant sa vie pour y dormir toujours, ne laisse pas que d'impressionner pendant qu'aux lueurs blafardes des flambeaux, nous nous enfonçons sous la montagne.

La tombe qui m'a le plus frappé est celle de Séti Ier, remontant à plus de quatorze siècles avant l'ère chrétienne.

On y pénètre par un escalier rapide qui conduit à une série de chambres et de couloirs dont le développement atteint plus de 150 mètres de longueur. Le sol, légèrement incliné, s'enfonce de plus en plus dans la terre, et le niveau de la dernière salle est à 50 mètres au-dessous du sol.

Il est impossible de raconter toutes les merveilles de ce souterrain ; les chambres succèdent aux chambres, toutes de plus en plus belles, et frappant d'autant plus d'étonnement qu'elles sont creusées dans le roc, que rien n'a été apporté du dehors, et que leurs colonnes, de même que leurs statues, font aussi partie de la montagne. C'est un véritable travail de découpure !

Les parois sont couvertes de peintures aussi fraîches qu'au premier jour, représentant des sujets de toutes sortes. Toutefois le vieux culte égyptien ayant déjà dégénéré et la simplicité des premiers âges ayant fait place à des rites plus compliqués et plus effrayants, nous assistons à des représentations épouvantables. Des serpents s'enroulent le long des salles ; des gens sont décapités et jetés dans les flammes. Le jugement suprême s'annonce terrible par les peines qu'il faudra subir.

Enfin, une merveille remplit la dernière chambre : c'est l'histoire des premiers âges du monde alors que, sous le règne du dieu-roi Ra, ce dernier, irrité contre les hommes, assembla son conseil pour détruire la race humaine. Lointaine et troublante réminiscence du déluge de l'histoire sainte.

Le tombeau n'est cependant pas achevé ; le roi sans doute venait de mourir. Aussi l'architecte s'est-il arrêté brusquement, selon l'usage adopté.

Sur les colonnes nous voyons encore le trait de peinture fixant les contours de l'image que le sculpteur allait suivre avec son ciseau.

Nous pouvons même remarquer le soin apporté par les artistes égyptiens. Un premier ouvrier a dessiné en noir le contour de l'esquisse; puis un second, le chef sans doute, est venu et par un autre trait rouge a rectifié l'ouvrage du premier.

Malheureusement la mort du roi a arrêté la main de l'artiste et le sculpteur n'a pu exécuter l'œuvre que le peintre lui traçait.

Tout cela est si frais et semble de date si récente, qu'une émotion profonde s'empare du visiteur qui, tout attristé, sort lentement du tombeau.

Après tant de siècles, la majesté de ces Pharaons s'impose encore comme au jour de leur puissance terrestre.

Le temps n'a pas de prise sur eux, car loin de les diminuer, comme il fait d'habitude pour toute chose, il semble les grandir encore.

UNE NUIT DE NOEL

A KARNAK

UNE NUIT DE NOËL.

A KARNAK

Si jamais une nuit de Noël doit rester présente à mon esprit, c'est certainement celle de décembre 188...

Nous avions formé le projet de faire notre réveillon dans les ruines de Karnak et nous nous promettions merveille de cette petite fête.

La colonie européenne s'était jointe à nous dès qu'elle avait appris notre dessein, et à la nuit tombante tout le monde se mettait en route.

Nous nous suivions dans la demi-obscurité de ces nuits d'Orient, et notre petite caravane devait offrir un pittoresque coup d'œil à ceux qui nous voyaient ainsi traverser les rues de Louqsoor.

C'était un véritable événement que tant de gens en marche dans la nuit. Troublés dans leur repos habituel par les cris des âniers, les chiens s'égosillaient à force d'aboyer sur les terrasses des maisons, et les paisibles habitants, réveillés en sursaut, se levaient de leur dure couchette de terre pour venir observer ce qui se passait.

Mis en gaîté par le bruit, nous allions bon train et de tous les côtés de joyeux éclats de rire se faisaient entendre. Même un de nos amis, qui possédait une fort jolie voix, avait entonné quelques folles chansons, forçant ainsi les échos de la vieille ville égyptienne à répéter les refrains du Concert des Ambassadeurs. Les sphinx du temple pensèrent s'en voiler la face !

La route étant assez longue, peu à peu les chants cessèrent, le silence se rétablit, et ce fut assez convenablement que nous atteignîmes les lions, qui, comme de vigilantes sentinelles, se tiennent accroupis de chaque côté de la splendide avenue allant des rives du fleuve à l'entrée du grand temple.

C'était par là que les Pharaons venaient accomplir en grande pompe le pèlerinage sacré que tous ils s'imposaient lors de leur avènement au trône. C'était par là également que le cortège funéraire apportait la momie royale, alors que l'âme du défunt, déjà détachée du corps, entreprenait son dernier voyage sur la barque sainte vers des rivages terribles et inconnus.

Terre sacrée entre toutes, celle que nous foulions, où

le pied du voyageur ne peut se poser sans rencontrer quelque illustre et pieux débris !

Nous nous engageâmes dans l'allée qui se déroulait devant nous sur une longueur de deux kilomètres, et les mille sphinx rangés en bataille sur notre passage nous formaient une merveilleuse garde d'honneur.

Avec leur grand corps de lions, leur tête de femme, et leur sourire indéfinissable, ils me faisaient l'effet de ces gardes désabusés et moqueurs qui forment la haie dans certaines cérémonies pompeuses; ils avaient assisté, ceux-là, à tant de spectacles grandioses, que notre modeste appareil devait peu leur imposer.

Cependant l'allée que nous suivions s'agrandit subitement, et aux

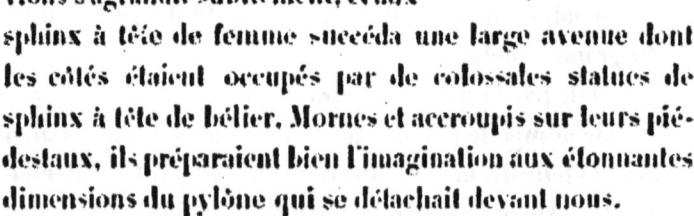

sphinx à tête de femme succéda une large avenue dont les côtés étaient occupés par de colossales statues de sphinx à tête de bélier. Mornes et accroupis sur leurs piédestaux, ils préparaient bien l'imagination aux étonnantes dimensions du pylône qui se détachait devant nous.

Avec ses quarante-quatre mètres de hauteur et ses cent treize mètres d'étendue, il domine la plaine; mais personne de nous ne se plaignit de la fatigue lorsque — après une dangereuse escalade — nous pûmes contempler les flots du Nil coulant à perte de vue, les montagnes des tombeaux des rois, les vestiges des temples grandis par la clarté de la nuit; et, au milieu de la plaine, les colosses de Memnon qui, spectateurs impassibles sur leurs sièges de pierre, assistent à la ruine de tout ce qu'ils ont vu si beau et si grand.

Il fallut cependant nous arracher à ce spectacle; aussitôt descendus, nous nous engageâmes dans cette curieuse cour carrée, dont les côtés, sur une longueur de plus de cent mètres, sont formés de colonnades élevées.

En face de nous, et défendant l'entrée d'une tranchée pratiquée au milieu d'un second pylône, se dressaient des colosses de sept mètres de hauteur, taillés dans le granit rose.

Malgré leur air menaçant, ils nous laissèrent passer, et nous parvînmes enfin dans cette fameuse salle des colonnes, dont on nous avait tant parlé. Ici, et peut-être pour la première fois depuis notre arrivée sur la terre d'Égypte, la sensation que nous éprouvâmes dépassa toute attente.

Rien ne peut donner une idée de cette salle de cent mètres de longueur dans laquelle cent quarante colonnes supportent un plafond de vingt-cinq mètres d'élévation. Elles sont d'une forme parfaite, admirablement travaillées, couvertes de sculptures, et pour prouver que la grâce peut s'allier à la force, elles présentent une circonférence de dix mètres. Quelle solidité ne leur faut-il pas pour supporter ce plafond composé d'énormes cubes de pierre! Et malgré de telles dimensions, l'œil s'égare parmi elles sans rencontrer autre chose qu'élégance et légèreté. Karnak est bien la merveille de l'Égypte, on ne l'a pas trop vanté.

Nous marchions d'étonnement en étonnement. A peine avions-nous quitté la salle des colonnes que nous traversâmes d'autres cours à moitié comblées par des obélisques en granit rose et par des colosses dont les débris accumulés sur le sol font penser à ces champs de bataille où les cadavres amoncelés forment des barricades autour des derniers combattants. Sans doute, eux aussi, pauvres colosses en ruines, voulaient-ils encore défendre de leurs gigantesques corps les vestiges des temples qu'ils gardaient autrefois!

Une dernière surprise nous attendait; après avoir franchi tous ces obstacles, nous étions parvenus enfin à la salle des cariatides. Là, l'effet est complet, et la grandeur du peuple égyptien apparaît tout entière.

Cette pièce est immense; les piliers sont des statues au visage resplendissant de calme et de beauté. L'ima-

gination demeure confondue, et les réflexions les plus étranges vous envahissent. Quel a donc été ce peuple capable de telles choses? Comment a-t-il pu disparaître après être arrivé à un tel degré de civilisation?

Comme tout ici est grand et digne! Le visage de ces cariatides, de ces sphinx, de ces colosses, est empreint d'un charme indéfinissable et doux! Sans cesse nous retrouvons cette expression de calme et de sérénité, semblant indiquer une pensée unique chez ce peuple prodigieux.

Est-ce l'idée de la mort, comme on l'a si souvent répété? Je ne le crois pas. Ces statues, images de rois qui, selon la croyance populaire, devenaient des dieux après leur mort, doivent représenter la majesté et la beauté divines. Déjà ce ne sont plus des hommes, et leurs traits sont ennoblis par leur contact avec les dieux, leurs égaux maintenant.

Pendant cette excursion à travers tant de souvenirs, les domestiques avaient dressé les tables sous les hautes colonnes du temple et, à notre retour, nous prîmes place parmi nos amis qui, habitant le pays et blasés sur toutes ces merveilles, commençaient à fêter la Noël...

ET CES DAMES?

ET CES DAMES?

Ce serait abuser de la bonne foi du lecteur que de lui donner comme nouvelle quelqu'une de ces charmantes histoires n'ayant déjà que trop figuré dans les récits des voyageurs.

Je suis, pour mon compte, bien résolu à ne fournir aucun renseignement sur la composition des sérails du Caire, ni sur le nombre et la beauté des femmes ou des concubines qui font le bonheur des Égyptiens. Je n'énumérerai pas non plus toutes les richesses contenues dans ces retraites mystérieuses, et cela pour une bonne raison, c'est que jamais il ne m'a été permis d'y entrer.

Aucun pacha, en effet, ne m'a fait l'honneur de me présenter à sa famille; et, n'ayant point désiré soudoyer quelque noir gardien ou braver le sabre d'un eunuque pour pénétrer furtivement dans ce jardin aux fruits défendus, je ne puis raconter ce que je n'ai pas vu.

Je préfère donc croire que là tout se passe encore comme du temps des khalifs, et je tiens pour véritables et authentiques toutes les beautés du harem. J'entends même

les accords des musiciens, je respire l'odeur pénétrante des parfums d'Arabie qui brûlent en enveloppant d'un voile de vapeurs les corps jeunes et voluptueux des almées déjà pâmées. Je me plais même à penser qu'il ne tiendrait qu'à moi de goûter complètement ces plaisirs en prenant le turban.

Cependant, si vous désirez connaître le fond de ma pensée, je pencherais assez à croire que tout cela n'existe plus qu'à l'état de souvenir.

Il y a assurément nombre de harems, et l'entrée, en

est rigoureusement interdite; mais c'est une raison de paresse naturelle, de climat et d'habitude qui en tient les portes fermées; et les neuf dixièmes des Égyptiens n'ont un sérail que par genre et pour ne pas paraître déroger aux anciennes coutumes. D'ailleurs la plupart du temps il ne se compose que d'une seule femme, parfaitement légitime, et de quelques esclaves pour la servir.

Ils ont bien assez déjà, ces pauvres gens, d'être obligés d'entretenir les anciennes favorites que leurs parents leur ont léguées en mourant! C'est une dette sacrée, mais lourde, et qui absorbe une partie des revenus dans les familles.

Aussi l'abandon de ces vieux usages est-il à l'ordre du jour : le vice-roi actuel, lui-même, ne possède qu'une femme qui sort et reçoit à l'européenne.

Seuls, certains personnages très riches s'offrent encore le luxe d'un harem; c'est ainsi que l'ancien vice-roi Ismaïl possède un nombre respectable d'épouses. Ajoutons que, dans ses voyages continuels, il se contente d'emmener une seule femme, ce qui d'ailleurs a causé quelquefois d'assez burlesques quiproquos : certaines dames, admises à présenter leurs hommages à la vice-reine, restant tout interloquées de se voir introduites près d'une autre personne que celle qui les avait déjà reçues l'année précédente. Mais ensuite comme consolation les habitués de la cour leur faisaient espérer que l'année suivante ramènerait la personne disparue : ce sont bien des étoiles, mais seulement intermittentes.

En général, les histoires qu'on raconte sur les harems sont absolument fausses : on y vit très tranquillement et les esclaves qui y sont entrées s'y trouvent fort bien et n'ont pas envie d'en sortir. Il n'y a plus de ces rivalités qui poussaient la favorite du moment à demander la tête de celle qui lui portait ombrage ; actuellement chaque femme possède sa demeure particulière et vit au milieu de ses enfants. Elle sort, reçoit, et rend des visites ; en un mot, elle mène une vie plus agréable que quantité d'Européennes.

Inutile de parler de la femme du peuple, car dans tous les pays les mêmes soins lui incombent, et la maternité ajoutée aux travaux domestiques la mettent partout sur le même pied d'égalité. Seulement, en Égypte, elle est peut-être un peu moins battue qu'ailleurs, et, en tous cas, a certainement moins de travail. Elle n'a pas non plus à craindre l'abandon du mari qui ne peut renvoyer la femme qu'en rendant la dot et en payant un dédit stipulé. Quant aux faux ménages si fréquents dans notre classe ouvrière, ils sont inconnus là-bas.

Rien à dire non plus des femmes de mœurs légères et des almées ; la débauche affecte les mêmes formes chez toutes les nations, mais je puis assurer que, sur ce point, c'est nous qui sommes en avance.

Ce ne serait donc que parmi les femmes de la classe élevée et sous les fenêtres des quelques harems existant encore que les jeunes étrangers poétiques pourraient égarer leur cœur. Nombre d'aventures et d'intrigues m'ont

bien été racontées à ce sujet, mais une histoire arrivée à l'un de mes amis m'a rendu des plus sceptiques. Je la dirai brièvement...

C'était un charmant garçon à l'âme sentimentale, et qui, blasé sur les houris du foyer de la danse et sur les intrigues parisiennes, était parti pour l'Égypte afin de se retremper auprès de ces amantes enflammées que chante si bien le poëte Sadi : un cœur neuf, des yeux de gazelle et de mystérieuses ardeurs, voilà ce qu'il fallait à cet enfant de la civilisation !

A peine débarqué, mis avec la plus grande élégance, il parcourait les rues du Caire, s'attardant surtout le long de ces palais, aux fenêtres garnies de moucharabis, dans l'espérance d'apercevoir enfin quelque agréable visage. Puis, vers cinq heures, il allait à Choubrah où le luxe de ses chevaux et l'élégance de sa personne devaient faire battre bien des cœurs. Le soir enfin, au théâtre, il rôdait autour des loges de harem cherchant à soulever du regard les stores de dentelle.

A la longue, il fut récompensé de ses peines. Un jour, à Choubrah, une voiture l'effleura au passage et une pâle figure à demi voilée, se penchant à la portière, attacha sur lui un regard des plus encourageants.

La secousse qu'il en ressentit fut violente; pour toute réponse, il ne put que s'incliner respectueusement :

— Vous êtes un heureux mortel, dit tout à coup une voix qui le fit tressaillir : une princesse du sang ! vous débutez bien ! Mais faites attention, on disparaît facilement dans ce pays-ci ; surveillez votre café et ne sortez plus qu'armé.

— Un Français n'a jamais peur, répondit Édouard en relevant ses fines moustaches.

— Enfin, prenez garde, répondit son interlocuteur en le quittant.

Recommander la prudence à quelqu'un, c'est l'engager à tout braver. Quand la voiture le croisa de nouveau, Édouard, sans prendre le moindre souci de l'eunuque qui tourmentait ostensiblement la poignée de son sabre, mit la main sur son cœur et adressa à la belle inconnue le plus conquérant de ses sourires.

Il rentra chez lui et ne quitta plus son appartement : il fit bien, car le matin du troisième jour une jeune esclave, s'introduisant avec mystère, lui fixa un rendez-vous pour la nuit suivante.

Édouard ne put cependant lui arracher aucun renseignement sur celle qu'il aimait déjà. A toutes ses questions il fut répondu : « Je risque ma vie en venant ici, mais je suis son esclave et dois lui obéir. Trouve-toi ce soir près du palais d'Abdin, armé et habillé en Arabe : je te conduirai. »

Inutile de dire s'il fut fidèle au rendez-vous ! Appuyé contre les murs du palais, enveloppé dans son burnous blanc, coiffé du turban vert et la main sur un poignard acéré, il attendait déjà depuis de longues heures lorsqu'enfin l'esclave apparut. Sans lui dire un mot, elle l'entraîna dans une des rues qui entourent l'Ezbekieh ; puis, s'arrêtant devant une demeure de somptueuse apparence, elle poussa la porte qui, à sa grande surprise, parut résister.

Au même moment, le bruit d'une fenêtre qu'on ouvrait se fit entendre et, prise de terreur, l'esclave, entraînant

Édouard, se précipita derrière le pilier d'une maison en construction située à quelques pas.

Une fenêtre s'était ouverte en effet, et un homme, habillé comme le sont habituellement les hauts fonctionnaires égyptiens, s'y tenait accoudé tout en jetant un regard de défiance dans la rue à demi obscure.

— C'est lui, c'est le maître! dit à Édouard l'esclave toute tremblante: je vous laisse, ne bougez pas, il y va de votre vie. Moi, je vais aller à la découverte.

Et, se glissant sans bruit le long de la muraille, elle disparut aussitôt, le laissant dans la plus profonde inquiétude. Ce n'était certes pas pour lui-même que la crainte l'agitait, mais il savait que si tout se découvrait, sa charmante inconnue y laisserait la vie.

Leur garden!

Cependant l'individu semblait se plaire à la fenêtre près de laquelle il s'était assis en fumant sa longue pipe; et transi par la froide humidité de la nuit, Édouard commençait à regretter de s'être engagé dans cette aventure, quand enfin le fumeur se retira. Bientôt après, l'esclave revint, avec mille précautions l'introduisit dans la maison et de là aux pieds de celle qui l'attendait.

Pendant le mois qui suivit, Édouard put ainsi pénétrer dans le harem et s'y enivrer d'amour. L'inconnue était adorable, parlait un peu français, et semblait l'aimer chaque fois davantage. Quant à lui, fier de sa conquête, il la comblait de présents et de bijoux de toutes sortes, n'ayant qu'une crainte : voir son intrigue se découvrir et prendre fin.

Cependant il fallut partir, et ce ne fut pas sans émotion qu'Édouard annonça un soir à sa maîtresse qu'il devait s'embarquer le lendemain pour la France. Le désespoir de celle-ci fut immense, et c'est à peine s'il put s'arracher de ses bras.

Le jour suivant, l'âme désolée par cette cruelle séparation, Édouard regardait fuir tristement les rivages de l'Afrique, lorsque quelqu'un, s'approchant de lui, prit sa main. Il se détourna : c'était elle ! Et comme il la pressait de ses questions, elle avoua en pleurant la vérité.

Elle était Italienne. Un misérable l'avait entraînée loin de sa famille, et après l'avoir trahie se servait d'elle pour attirer et dépouiller les étrangers. Indignée du rôle qu'on lui imposait, elle avait souvent désiré fuir, mais l'occasion ne s'était pas présentée. En voyant l'amour qu'Édouard lui témoignait, elle avait enfin pris son parti et venait le supplier de la ramener dans sa patrie.

Telle fut la seule aventure que mon ami rencontra au Caire. Je pense que beaucoup des bonnes fortunes que peuvent y trouver les Européens doivent être du même genre.

NOS GENS

NOS GENS

I

Grand, fier, le teint presque blanc, notre drogman est superbe dans sa veste bleue et ses larges pantalons. C'est un personnage considérable et considéré.

Moyennant une somme fixée d'avance, c'est lui qui doit nous faire vivre. Il dirige également le cuisinier et les autres domestiques ; il nous met en communication avec un tas de gens dont nous ne comprenons pas le langage.

Il doit de plus expliquer les curiosités du pays et fournir tous moyens de locomotion. Il débat aussi nos intérêts avec les marchands, et Dieu sait quels bénéfices il doit faire ! Enfin, c'est l'homme indispensable à tout étranger qui séjourne en Égypte.

Fier de son autorité, il commande durement et la courbache à la main. Quand il descend à terre pour vaquer à ses diverses occupations, une petite cour le suit, et cherche à lui plaire bien plus qu'à nous : n'est-ce pas en effet par le drogman que tout doit passer? Il traduit les demandes et réponses au mieux de ses intérêts ; c'est lui qui achète et qui paie. Nous, au contraire, nous ne sommes que des voyageurs ignorants, bons à exploiter, et pour cela, la protection de l'interprète est nécessaire.

C'est lui encore, qui le soir, organise les fêtes pour distraire les maîtres, se charge des préparatifs pour les excursions, procure le plaisir des danses d'almées à ceux qui les aiment.

Les consuls eux-mêmes recherchent sa société et lui témoignent une haute estime.

Aussi Farack ne doute-t-il de rien. Voulez-vous acheter un bateau, un sabre, des étoffes, une belle esclave même? il vous conduit immédiatement au bon endroit.

Du bout de sa cravache en peau d'hippopotame, il dissipe dédaigneusement les attroupements qui pourraient entraver votre marche, et fait taire les interminables réclamations des indigènes. Que pourrions-nous craindre avec un tel appui!

Mais en Nubie, à notre grand étonnement, il renonça à ces façons pleines d'urbanité ; c'est que là le coup de couteau suivrait le coup de cravache; et plus nous avançâmes dans le pays, plus son air arrogant disparut ; il réservait maintenant ses sévérités pour les domestiques du bord.

Peu à peu même, il prit l'habitude de ne plus nous accompagner dans nos lointaines excursions. Quant à l'emmener le soir à l'affût, c'était inutile d'insister. il avait toujours un bon prétexte pour rester : sa grandeur l'attachait au bateau !

Sa façon d'interpréter les hiéroglyphes et d'expliquer les curiosités historiques était absolument extravagante : ayant retenu deux ou trois noms de rois et de reines, il les servait au hasard avec un imperturbable aplomb.

Il savait tout et avait tout vu ; avec cela, menteur et vantard comme pas un.

Le croirait-on cependant? malgré tous ces défauts (peut-être à cause d'eux), il avait inspiré des passions. Il montrait même, avec complaisance, force lettres et portraits d'une grande dame très connue qui avait poussé la folie jusqu'à l'emmener avec elle en Europe. Notre homme donnait d'ailleurs sur cette liaison mille détails aussi étonnants qu'indiscrets.

Avec cela, comme tous ses collègues, parlant toutes les langues, amusant, débrouillard, possédant mille tours dans son sac, Farack avait tellement su se rendre indispensable, que son départ fut pour nous une cause de véritable ennui.

II

La dahabieh appartient à un armateur du Caire. Fine, élancée, elle mérite sa réputation de bonne marcheuse et son nom de *Gazelle*. Douze matelots composent l'équipage, que commande le reïs Mustapha.

Ce dernier est petit, maigre et noir de peau; c'est lui qui est responsable de l'ordre et de la navigation.

Il parle peu, se fâche rarement, mais sait se faire obéir. Souverain maître à son bord, il ne supporte pas les incursions que le drogman tente volontiers de faire dans son service.

Mustapha est marié: il est même affligé d'une nombreuse progéniture, mais jamais il n'a permis à quelque échantillon de sa famille de mettre le pied sur la *Gazelle* : la dahabieh est chose trop sacrée pour être foulée par des gens d'aussi mince importance!

Quant à lui, il y habite toute l'année, même pendant les longs mois où la barque inoccupée reste au port de Boulaq.

Il la surveille constamment, en prend soin avec un zèle

jaloux et souffre de tous les coups qu'elle reçoit lorsqu'elle vient à heurter les rochers ou les sables du fleuve.

Il vit à l'écart et garde son rang : matin et soir nous le voyons en prières, la face tournée vers la Mecque. Dans les circonstances difficiles, nous aimons à le consulter.

Le reïs Mustapha est un honnête et brave marin dont nous conservons le meilleur souvenir.

III

Giuseppe est Italien; depuis déjà quelques années, il remplit l'office de chef de cuisine à bord des bateaux qui font le service du Nil.

Relégué, avec ses ustensiles, à l'extrémité de la proue, il est heureusement très mince, sans quoi il ne pourrait pénétrer dans sa cuisine, qui est des plus exiguës. Il arbore chaque jour des toques et des tabliers d'un blanc immaculé. Il confectionne un tas de choses excellentes, mais nous sert trop souvent du pigeon : chaque jour ramenant sur notre table quelqu'un de ces volatiles pour lesquels nous avons contracté une invincible antipathie.

Giuseppe chante mélancoliquement le soir au clair de lune ; il a eu des chagrins d'amour. Sa douce fiancée l'a abandonné lâchement pour un homme vieux et riche. Il la regrette encore, et je ne jurerais pas qu'il ne finisse par l'épouser quand elle aura ramassé une petite dot : à moins toutefois qu'il ne lui donne un coup de couteau.

En attendant, dès qu'une occasion se présente, il descend à terre épancher son cœur et ses larmes dans le sein de quelque compatissante personne.

Le drogman et lui s'entendent à merveille pour nous exploiter.

IV

Ahmed est notre valet de chambre. Impossible de découvrir son origine, il doit être le résultat d'une foule de croisements différents : il a vingt ans et parle français.

Sa personne est indescriptible : il bâille une partie du temps et dort le reste. En homme qui a goûté les bienfaits de la civilisation, il s'habille avec recherche, porte le fez, et se moque du reïs en prières. A ma connaissance, il ne s'est jamais lavé les mains : nous avons, en conséquence, pris le parti de nous priver de lui pour le service de table.

Il vit en très mauvais termes avec le drogman, qui, de

son côté, le bat consciencieusement. Il s'en venge en nous racontant toutes les voleries de ce dernier.

Ahmed ne se mariera pas; il fait profession d'amour libre, dont il est lui-même un produit des plus réussis.

V

Reste le mousse, le petit Ali, charmant négrillon de douze ans, qui travaille comme quatre, fait la cuisine de l'équipage, lave le pont, grimpe le long des voiles, et fait les commissions.

Un bon regard, des dents blanches qu'il montre en un rire perpétuel ; dans mes jours de tristesse, je le fais venir et, à la vue de sa figure réjouie, mes chagrins s'en vont. C'est mon favori ; aussi je monte sa garde-robe en cachette d'Ahmed, qui en est jaloux.

J'ai failli faire la sottise de m'attacher à Ali, et de le ramener en France. Heureusement, la cupidité insatiable de ses parents m'en a empêché. Je ne le regrette plus maintenant, grâce à l'exemple de mon camarade, qui, ayant rapporté un nègre de Tombouctou, a éprouvé mille ennuis, dont le moindre a été de voir la couleur du drôle s'étendre aux enfants du pays.

MOHAMMED

MOHAMMED

Étant à Assouan, notre interprète nous conseilla de prendre à notre service un chasseur

connaissant bien le pays. C'était en effet le meilleur moyen d'être renseigné sur les habitudes du gibier de la contrée.

On nous amena un Nubien qui nous fit lire toutes sortes de certificats délivrés par les personnes qui l'avaient employé avant nous. Ces bons renseignements du reste étaient mérités, car notre homme connaissait parfaitement son métier.

C'était un individu d'un certain âge, grand, sec et marcheur infatigable. Son embarquement ne fut pas long, car sa garde-robe se composait du manteau qu'il avait sur lui, de deux sacoches de cuir, contenant de la poudre et du plomb, enfin d'une hache et d'un fusil.

Cette dernière arme d'un modèle extraordinaire nous intéressa vivement. Elle était d'une longueur démesurée et ne possédait qu'un canon; mais quel canon! un calibre absolument inconnu de nous autres, faibles chasseurs.

Ce fusil, d'un poids énorme, était à pierre et portait une baguette en bois de la grosseur du pouce : il fallait, en effet, un véritable écouvillon pour charger cette pièce d'artillerie. La crosse en était très courte; et quand on ajustait, tout le poids de l'arme se trouvant porté en avant, il fallait faire un véritable effort pour la maintenir horizontalement pendant quelques instants. De plus, le canon était fixé au bois par plusieurs tours de corde, et la crosse brisée en plusieurs endroits avait été grossièrement réparée avec des clous. En un mot, c'était un objet mille fois plus dangereux pour celui qui en faisait usage que pour le gibier contre lequel on s'en servait.

Impossible avec un pareil outil de tirer au vol! il fallait viser en l'étayant sur quelque appui.

Si curieux que fût ce fusil par lui-même, ce n'était rien encore en comparaison de la peine à prendre pour le charger; montre en main, cette opération demandait près d'un quart d'heure de travail acharné!

Le chasseur se couchait sur le dos, prenait la crosse entre ses deux pieds et alors, à bout de bras, parvenait à atteindre l'extrémité du canon et à introduire la charge.

Joignez à tous ces détails que souvent l'arme ratait et vous aurez un aperçu complet de l'objet en question.

Mohammed avait aussi en sa possession une hachette assez mal emmanchée avec laquelle il achevait les animaux blessés.

Sa vie se passait à chasser les crocodiles, et chaque année il remontait le Nil jusqu'à Kartoum, pour rapporter ensuite les peaux de ses victimes et les vendre aux marchands d'Assouan. De plus, cet homme pratique avait profité des lois musulmanes pour se munir de billets de logement à des prix très modérés et, toutes les trente lieues environ, il s'était créé une famille qui le recevait et l'hébergeait pendant son temps de chasse dans les environs.

Il nous expliqua son système d'un air fort naturel, et nous ne pouvions nous empêcher de rire en voyant les efforts désespérés qu'il faisait pour se rappeler le nombre exact de ses enfants.

C'était d'ailleurs un bon père de famille qui ne délaissait point ses divers ménages puisqu'il les visitait chacun deux fois par an : une fois en remontant le fleuve, une autre fois en le redescendant.

Cette façon de se pourvoir d'agréables gîtes nous inspira pour lui une certaine admiration et jamais nous ne lui refusâmes un congé, quand, par hasard, le soir arrivant, il nous demandait la permission de s'absenter pour la nuit. Évidemment, il se trouvait près d'une de ses nombreuses épouses.

Je n'ai jamais vu quelqu'un d'aussi superstitieux : ainsi, il ne se serait jamais permis de charger son fusil sans l'avoir préalablement touché avec une amulette qu'il portait toujours sur lui.

S'il lui arrivait par hasard de tuer un serpent, il s'empressait de jeter du sable sur l'animal et tout en se balançant d'un pied sur l'autre, il psalmodiait une sorte de prière ainsi conçue : « Toi, l'ami du Prophète, pourrais-tu donc me faire du mal? Etc., » faisant ainsi allusion à certain récit du Coran.

Mais c'était surtout dans la chasse du crocodile qu'il paraissait admirable. Sa patience était inépuisable, et Dieu seul sait combien de jours et de nuits il passa au guet.

Quand il apercevait un de ses ennemis, sa figure se transformait : « Temsah ! temsah ! » s'écriait-il du plus loin qu'il pouvait nous voir, et il nous avait bientôt entraînés sur ses pas à la poursuite de l'animal.

Je me rappelle surtout un certain jour, où, voyant un crocodile couché sur un banc de sable situé au milieu du fleuve, il mit tant de force et d'éloquence dans ses gestes, qu'il m'entraîna avec lui vers l'endroit indiqué, après m'avoir fait mettre dans l'eau jusqu'à la ceinture. Il tenait en l'air nos deux fusils et tout mon attirail de chasse ; de plus, je me cramponnais à ses épaules : mais rien ne pouvait ralentir son ardeur.

Aussi, quand il nous arrivait de tuer un crocodile, son bonheur était extrême, et dans sa joie, il dansait autour du cadavre en chantant, comme un véritable sauvage qu'il était.

Mais que de courses inutiles sous le soleil ardent ! que de nuits passées à l'affût le long du fleuve, avant de pouvoir tirer un de ces animaux !

NOCE NUBIENNE

NOCE NUBIENNE

Le 5 janvier 188.. nous nous trouvions devant Korosko, et de longues journées devaient s'écouler encore, avant que notre bateau pût franchir la petite distance qui nous séparait de Der. Le Nil, en effet, forme ici un coude, et changeant subitement son cours, remonte vers le nord, empêchant ainsi les matelots de faire usage des voiles pour continuer leur voyage.

Ce fleuve, dans lequel est renfermée la vie entière du pays, ne cesse jamais d'apporter quelque bienfait à ceux qui vivent sur ses bords. Non content de donner son eau salutaire et féconde, il veut encore servir de route aux richesses qu'il produit, et c'est par lui qu'ont lieu tous les transports.

Il pourrait assurément se contenter de permettre aux Égyptiens de descendre son cours et d'amener ainsi sans fatigue jusqu'au Caire les produits de la haute Égypte et du Soudan; mais il veut faire plus encore, et bienfaisant jusqu'au bout, il permet aux matelots de remonter ses eaux et d'en briser la violence, en s'aidant des vents qui soufflent continuellement du nord vers le sud.

De son embouchure jusqu'à ses sources, en effet, le fleuve coule dans une direction constante, et à part quelques coudes assez restreints, les voyageurs possèdent en lui la meilleure et la plus courte des voies. Aussi que de peines et de fatigues supprimées par cette disposition qui permet de se servir des voiles pour remonter le courant, car le Nil est tellement rapide, qu'il serait absolument impossible de ramener vers le sud, avec le seul aide des rames, ces énormes barques qui viennent au Caire toutes pleines des richesses de l'Afrique centrale! Changez la direction du fleuve, et tout commerce devient à peu près impossible pour le Soudan.

Nous étions donc arrivés au seul endroit de notre voyage où le Nil pendant quelques kilomètres allait nous refuser son concours. Il fallait aller à la corde, triste métier pour les matelots, forcés de traîner notre dahabieh à travers les rochers escarpés qui s'élèvent sur la rive, et qui ont contribué à détourner le fleuve de son cours régulier.

Nous faisions à peine quelques kilomètres par jour, et, à semblable compte, nous en avions encore bien pour une semaine avant de pouvoir nous servir de la voile.

J'occupais mes loisirs à la chasse et le gibier ne manquant pas, le temps s'écoulait assez rapidement : tourte-

relles, ibis, pigeons abondaient, et c'est à peine si j'avais le temps de recharger mon arme. Malheureusement on se blase assez vite sur cette sorte de chasse qui ressemble par trop à un massacre. Aussi était-ce la nuit que j'attendais avec impatience; la nuit, pendant laquelle on peut aller à l'affût des lièvres, des renards, des chacals et des hyènes qui pullulent.

J'éprouvais d'ailleurs un plaisir extrême à m'enfoncer dans le désert avec mon Nubien et à passer ainsi de longues heures dans la solitude.

Couché à quelques pas de lui, un bon fusil entre mes mains, je m'enroulais dans une couverture. Nul bruit ne venait jusqu'à moi, et dans la grande tranquillité du désert je me laissais aller aux plus douces rêveries. Ce grand silence, cette plaine immense de sable, le danger même qui m'entourait, tout était tellement en dehors de ma vie habituelle, qu'une jouissance inconnue m'envahissait le cœur. C'est seulement après quelques nuits passées ainsi, qu'on peut comprendre l'attachement des Arabes pour leur aride patrie et tout le prix de cette liberté qu'ils placent au-dessus de tous les biens.

Rien n'y arrête l'homme; aucune barrière ne s'élève devant lui, nul maître n'impose son autorité. Tout est permis à celui qui est fort, courageux et bien armé.

Loin d'être perdu au milieu de cette immense solitude, on sent que de tous les côtés des milliers d'yeux sont fixés sur vous. La plaine est occupée par d'innombrables êtres qui n'apparaissent qu'à cette heure. C'est la vie d'un peuple qui s'éveille, c'est la fête des ténèbres.

Une ombre passe : c'est une hyène qui se dirige vers le village afin de trouver quelques débris à emporter. Un léger bruit se fait entendre (on entend tout ici) : c'est un renard ou un chacal qui s'avance, l'œil au guet. Puis tout à coup une véritable avalanche approche : c'est une bande de loups qui se poursuivent en cherchant à s'arracher quelque proie.

Quand un coup de feu éclate à l'improviste, tout se tait subitement, et un silence de mort s'étend pour quelques instants sur le désert. Peu après, tout recommence, et ainsi de suite pendant la nuit entière.

Si j'aimais tant à passer de la sorte quelques heures pendant chaque nuit, ce n'était certes pas dans le but de rapporter beaucoup de gibier, car malgré le grand nombre de lièvres et de chacals, je revenais souvent bredouille. Mais la nuit est si belle et si étrange dans ce pays de Nubie, c'est un spectacle si nouveau pour nous autres Européens que cette lumière nocturne, dans laquelle tout apparaît voilé et agrandi, que je ne pouvais me lasser de recommencer chaque soir l'expédition de la veille.

Une fois d'ailleurs je me trouvai récompensé de mes fatigues, et le spectacle qui s'offrit alors à mes yeux restera toujours gravé dans mon souvenir.

Nous étions, Mohammed et moi, couchés dans le sable depuis quelques heures, quand au loin un bruit assez fort éveilla mon attention. Ne pouvant me faire comprendre de mon compagnon, je lui fis signe d'aller me chercher le drogman, qui bientôt accourut du bateau où il dormait. Je lui demandai quel était ce bruit monotone et sourd que j'entendais; il s'informa auprès du Nubien. Celui-ci répondit qu'il venait d'un endroit éloigné, où devait avoir lieu un mariage.

Aussitôt je donnai l'ordre au guide de m'y conduire; mais le chasseur ne parut pas disposé à obéir, disant qu'il y aurait danger à nous trouver au milieu d'une peuplade sauvage et sans doute déjà ivre en ce moment. Comme on le pense bien, ces détails ne firent qu'exciter davantage ma curiosité, et je parvins à décider Mohammed à nous y conduire, en lui promettant de me faire accompagner par une dizaine de vigoureux matelots.

Quelques instants après, nous nous dirigions vers l'endroit où se tenait la fête en question.

A mesure que nous avancions, le bruit augmentait sensiblement, et bientôt nous aperçûmes à la clarté de la lune une foule de noirs assis en rond près d'une hutte. Au milieu du cercle, une cinquantaine d'individus chantaient et dansaient au son d'une musique barbare.

Notre présence ne fut pas plutôt signalée que la fête prit fin et que tous se portèrent à notre rencontre. Le guide et les Nubiens parlementèrent avec force gesticulations, et la foule, s'entr'ouvrant enfin, me laissa passer avec mon escorte. Un vieillard même vint au-devant de moi, me

souhaita la bienvenue, et me fit asseoir près de lui.

Décidément j'étais le héros de la fête ; toutefois, je ne tardai pas à comprendre la cause de cette gracieuse réception, quand le guide m'eût dit qu'il avait raconté aux parents de la mariée que j'étais un riche égyptien désireux d'assister à la cérémonie et décidé à offrir de beaux cadeaux au jeune ménage.

Les amusements recommencèrent et je me trouvai à même de voir ce que rarement un voyageur peut contempler : une réunion nombreuse de Nubiens et de Nègres exécutant les danses du Soudan.

Une femme se lève et commence à chanter; ses compagnes reprennent en chœur le refrain, que les musiciens accompagnent, eux aussi, de coups vigoureusement appliqués sur des bassins de cuivre faisant l'office de tam-tam.

Aussitôt une vingtaine d'hommes forment un cercle autour de la chanteuse, qui, droite et raide, les yeux en l'air et les bras collés au corps, se contente de marquer la cadence en piétinant sur place. Les danseurs, au contraire, faisant face à la chanteuse, se livrent à des bonds désordonnés, frappant des mains, gesticulant, et hurlant à l'envi. Ils tournent sur eux-mêmes avec rapidité et se livrent à une gymnastique qui aurait vite mis sur les dents les plus vigoureux d'entre nous. Cela dure indéfiniment, les danseurs paraissant infatigables; quand une femme est lasse de chanter, une autre entre dans le cercle et recommence.

Si la musique est loin d'être merveilleuse, le tableau que présente la fête est saisissant.

La mariée, voilée, silencieuse, et assise sur la porte de

sa demeure, reste immobile au milieu de ses jeunes compagnes, qui, chacune à son tour, entre dans le cercle des danseurs. Quant aux femmes âgées, elles se tiennent à l'écart et chantent une longue et monotone chanson en l'honneur du jeune ménage. Les hommes causent, boivent, se disputent et se battent.

Nul flambeau ne vient éclairer la scène, la clarté du ciel jette seule une lueur vague et indécise; tous ces hommes noirs, entièrement nus et à moitié ivres, ressemblent à quelque troupe de cannibales se préparant à immoler et dévorer un ennemi, dans une de leurs fêtes sanglantes.

Du reste, certains individus à mine effroyable avaient assurément dû faire connaissance intime avec la chair humaine. Petits de taille, le ventre énorme, le front bas et les lèvres proéminentes, ils appartenaient à cette race des Nyam-Nyam, qui fournit des esclaves durs au travail, mais dont la sauvagerie ne peut jamais entièrement disparaître. A certains moments même, pris comme de folie, ils se sauvent dans le désert et disparaissent à jamais. Quant aux femmes, on a absolument renoncé à les employer à la garde des enfants, depuis qu'un certain nombre d'entre elles ont dévoré leurs nourrissons.

A force d'instances, on décida la nouvelle épousée à venir chercher les présents que je lui destinais; je n'avais que ce moyen de la voir de plus près.

Elle approcha toute craintive; c'était une fillette d'une douzaine d'années, aux grands yeux noirs, à la figure de bronze. Ses joues étaient sillonnées des empreintes habituelles : les trois traits qu'on y avait appliqués au fer rouge dans son enfance. Ses petites mains, aux paumes teintes en brun, se saisirent avidement des objets que je lui présentais; puis elle s'enfuit au plus vite et se réfugia au milieu de ses compagnes, dont les éclats de rire arrivaient jusqu'à nous.

On m'indiqua l'heureux époux : c'était un vieillard au maintien aussi digne que sévère; selon la coutume du pays, il ne pouvait ce jour-là se mêler à l'orgie générale.

Cependant l'assistance paraissait un peu trop s'animer, les plus calmes eux-mêmes gesticulaient; l'eau-de-vie de dattes avait coulé largement et l'ivresse montait. Des disputes commençaient; on montrait les massues et les couteaux. Le guide me regardant d'un air inquiet, je compris le danger. Qui sait si tous ces individus n'allaient pas avoir envie d'égorger quelque chien d'infidèle?

Prudemment je donnai le signal du départ, j'offris même de légers cadeaux à mes voisins et je fis mettre le feu à plusieurs petites pièces d'artifice que j'avais fait apporter du bateau.

L'effet en fut immense, les querelles cessèrent et la curiosité prit le dessus. J'ordonnai une décharge générale de nos armes en l'honneur des mariés, et nous nous esquivâmes bien vite à la faveur de l'admiration causée par les dernières fusées.

CHASSE AU CROCODILE

CHASSE AU CROCODILE

Grâce à nos lunettes d'approche, nous distinguions au loin deux énormes crocodiles dormant au soleil. La moitié de leur corps seulement sortait de l'eau. Je ne puis mieux rendre l'effet que produisirent sur moi ces deux monstres qu'en les comparant à deux fortes poutres échouées sur le rivage.

Cette vue nous remplit de joie; car il est fort rare maintenant d'apercevoir ces amphibies qui ont fui devant la civilisation et se sont réfugiés au delà de la deuxième cataracte.

Nous donnâmes l'ordre d'arrêter la dahabieh et nous descendîmes dans la chaloupe, afin de pouvoir aborder le banc de sable sur lequel dormaient les deux crocodiles.

Le Nubien, très au courant de cette sorte de chasse, nous fit mettre pied à terre à un kilomètre de là: il nous recommanda de nous coucher sur le sable et d'éviter tout bruit qui pût donner l'éveil.

Ce n'est pas une mince fatigue que de ramper sur les pieds et les mains en trainant un lourd fusil, aussi les quelques centaines de mètres qui nous séparaient de nos adversaires nous coûtèrent des peines infinies.

L'ardent soleil de l'après-midi nous faisait horriblement souffrir, et ce fut avec joie que nous vîmes Mohammed s'arrêter et reprendre haleine. Nous étions proches du but ; une cinquantaine de mètres nous en séparaient à peine. Il était donc nécessaire de calmer nos nerfs afin de pouvoir viser et tirer sans trembler.

Un peu remis de notre fatigue, nous nous levions pour ajuster, quand tout à coup et presque sans bruit les deux crocodiles disparurent dans le Nil. Leur plongeon fut accompli si rapidement qu'il nous fut impossible de tirer.

Je courus vers le bord du fleuve avec mon ami ; mais je ne pus constater que l'empreinte d'une énorme bête qui mesurait plus de cinq mètres de longueur.

Désappointés, nous déplorions notre mauvaise chance, quand le chasseur, se couchant à plat ventre sur le sable, nous fit signe de l'imiter. Nous obéîmes aussitôt, dans l'espoir que les crocodiles, ne nous apercevant plus et nous croyant partis, se décideraient peut-être à revenir occuper la place dont nous les avions chassés. Mais nous restâmes ainsi pendant plus d'une heure sans rien voir venir, et le temps nous paraissait d'autant plus long que notre position était fort incommode.

Enfin, ennuyé de cette longue attente, je soulevai légèrement la tête pour regarder dans l'eau, quand tout à coup j'aperçus à quelques mètres du bord la tête d'un animal nageant vers nous. J'abaissai rapidement ma carabine, mais trop tard, car au même instant un coup de feu tiré près de moi me fit tressaillir. C'était Henri M... qui, placé le plus près du bord et par conséquent le plus exposé, obéissant aux

gestes expressifs de Mohammed, avait tiré sur le crocodile au moment où il allait s'élancer sur lui. Surpris par la détonation, l'animal s'était précipité de nouveau dans l'eau.

Le chasseur était tout tremblant; ce ne fut qu'à notre arrivée au bateau que nous pûmes comprendre le motif de sa terreur. Il paraît que nous l'avions échappé belle, car rarement un crocodile manque sa proie quand, d'un bond s'élançant du fleuve sur le sable, il saisit quelque pauvre diable en train de se baigner ou de puiser de l'eau.

L'agilité de ces énormes amphibies est inconcevable.

Leurs bonds sont terrifiants; rien ne peut leur faire lâcher ce qu'ils ont saisi; ils l'emportent, malgré tout, au fond de l'eau.

Ces détails, que nous ignorions entièrement, nous rendirent plus prudents, et quand nous retournâmes à cette chasse nous primes soin de moins nous approcher du fleuve.

Pendant plusieurs jours, à son grand chagrin, Mohammed n'aperçut pas d'autres crocodiles et nous arrivâmes à Ouady-Alfa sans avoir pu en tirer un seul. Nous n'avions pourtant pas abandonné tout espoir et nous pensions, en nous cachant dans les rochers de la cataracte, pouvoir en apercevoir quelques-uns.

Mais nous devions encore perdre bien du temps sans obtenir de résultat.

Cependant, le vingtième jour, je fus plus heureux en allant me poster, avec le Nubien, dans une cachette creusée dans le sable, à une cinquantaine de mètres d'un petit rocher émergeant du Nil. Les habitants de l'endroit nous avaient en effet informés de la présence d'un crocodile qui avait déjà enlevé quelques personnes d'un village voisin, et qui avait pris l'habitude d'aller dormir sur ce rocher; aussi entrai-je dans le trou dès le matin, décidé à n'en sortir qu'après avoir vu la bête.

Nous y étions déjà depuis trois heures et rien ne venait; je commençais à désespérer de la réussite et à songer au retour, quand tout à coup Mohammed me fit un léger signe ; je compris que notre gibier approchait. En effet, me soulevant un peu, j'aperçus un crocodile couché sur le rocher. Malheureusement sa tête n'étant pas de notre côté, il était impossible de songer à le tirer, puisqu'il n'est vulnérable qu'aux yeux.

Il fallut attendre longtemps encore que l'animal voulût bien changer de position ; et c'était avec une violente émotion que j'étreignais ma carabine Winchester.

Enfin il se retourna ; je pus le viser soigneusement et lui envoyer une balle explosible dans la cervelle. Le résultat fut foudroyant ; le crocodile resta sur le coup, et Mohammed, se jetant à la nage, gagna le rocher, et lui défonça la tête à coups de hache.

C'était une femelle de plus de trois mètres de longueur ; son poids était tel qu'il fallut l'aide d'une dizaine d'hommes pour placer ma victime dans la chaloupe.

Jamais je n'ai vu pareille satisfaction sur des visages humains !

Tous dansaient et chantaient autour de l'animal, le frappant chacun à leur tour et lui adressant des injures. C'était l'ennemi commun et on se réjouissait de sa mort. Mohammed surtout semblait transporté de joie et pendant qu'il achevait le crocodile en le frappant de sa hache, il chantait une sorte de complainte étrange qui, paraît-il, dans ce pays, a la réputation d'empêcher le gibier blessé de reprendre de la force pour s'enfuir. Tout nu, avec son air farouche et son chant sauvage, il ressemblait à ces guerriers sauvages poussant leur cri de guerre sur le corps de l'ennemi auquel ils portent le dernier coup.

Mon retour à la dahabieh fut un véritable triomphe. Je sus pourtant conserver un maintien modeste en pensant qu'il y avait bien un peu de hasard dans ma victoire et que la chance m'avait singulièrement favorisé.

Nous avions donné l'animal au chasseur, gardant seulement pour nous la peau que nous voulions rapporter en France afin d'éblouir nos amis. Tout l'équipage se mit à le dépouiller et telle était la vitalité du monstre qu'au bout de trois heures, bien que la cervelle fût enlevée et qu'il fût aux trois quarts dépecé, ses dernières convulsions secouaient encore les quatre matelots cramponnés à ses membres.

A l'intérieur du corps on trouva des balles de plomb, indiquant qu'il avait déjà essuyé bien des coups de feu, des débris de bracelets de femme, de nombreux cailloux, et enfin soixante œufs de la grosseur d'un œuf de poule, qui furent immédiatement dévorés par l'équipage.

Le cuisinier tint à nous servir le soir un morceau de ma chasse, mais je dois avouer que ce fut sans aucun succès : la chair est dure et sent mauvais.

Les Nubiens furent moins difficiles que nous, car le crocodile fut dépouillé et bientôt vendu par petites portions que tous s'arrachèrent à prix d'argent.

Mais c'est surtout la graisse qui obtint les honneurs de la fête; quand il fallut la partager, il y eut des querelles interminables et les couteaux se mirent de la partie. Le guide, près duquel nous nous informâmes des raisons qui font tant rechercher cette graisse, nous dit qu'elle passait pour avoir des vertus médicinales et qu'elle se payait fort cher.

Dans le cours de notre voyage, nous eûmes l'heureuse chance de tirer encore plusieurs crocodiles et mon ami prit bientôt sa revanche.

DÎNER A OUADY-ALFA

DINER A OUADY-ALFA

Ouady-Alfa est un point fort important pour le gouvernement égyptien; là viennent en effet aboutir les routes suivies par les caravanes du Soudan. De plus, la cataracte, interceptant tout passage par le fleuve, les commerçants venant du Haut-Nil sont, eux aussi, obligés de s'arrêter, de débarquer leurs marchandises et de les transporter par terre jusqu'au-dessous des rapides, pour les recharger de nouveau dans des barques qui les porteront enfin au Caire.

Profitant de cette barrière naturelle, le gouvernement égyptien s'est empressé d'y établir une sorte de douane, et toute marchandise provenant du centre de l'Afrique ou du Soudan est soumise à un impôt perçu à Ouady-Alfa.

Que de trésors, que de marchandises curieuses ne voit-on pas déballer et sortir de ces lourds colis qui viennent de pays encore inconnus aux Européens! L'or, les bijoux du Soudan, les peaux d'animaux, les plumes d'autruche, et combien d'autres choses!

Tout frappe d'étonnement dans les caravanes. Ces grands et forts chameaux qui portent les bagages et se suivent comme les anneaux d'une longue chaîne, les esclaves qui les escortent et qui présentent des échantillons de toutes les races de l'Afrique. Ceux-ci ont les cheveux dressés en pyramide sur la tête et traversés par une flèche; ceux-là sont entièrement nus, avec des ventres monstrueux; d'autres, resplendissants de beauté juvénile, ont le corps souple, gracieux et élancé. Quelques femmes se tiennent au centre de la caravane; enveloppées de leur long voile, elles passeraient inaperçues au milieu des bagages, si leur chant sourd, monotone et plaintif ne révélait leur présence.

Tout cela s'avance tranquillement, sans fracas: c'est à peine si l'on entend parfois le cri d'un animal ou la voix des conducteurs.

Mais aussitôt la caravane arrivée au campement, la scène change, et au silence succède un tumulte effroyable.

Les esclaves font agenouiller les chameaux, déchargent les colis et disposent les tentes; tout cela au milieu des cris étourdissants des animaux et des hommes. C'est une sorte d'accès de folie succédant à un état de torpeur.

Le jour suivant, tous les paquets s'ouvrent, et les agents du gouvernement passent l'inspection. Aussi, est-ce un personnage important que celui qui, sans contrôle, est chargé de percevoir les droits sur toutes ces marchandises et de les transmettre au trésor égyptien. Notre drogman ne tarissait pas sur sa puissance et ses richesses et, à force de nous vanter ce personnage, il nous décida à lui rendre visite.

Nous nous mîmes en route et, après une heure de chemin, nous atteignîmes le petit bois de palmiers au milieu duquel se trouve Ouady-Alfa.

Naturellement notre première visite fut pour le bazar, et je dois avouer que, cette fois, je n'eus pas à regretter d'avoir cédé aux instances du guide, car le spectacle qui s'offrit à nos yeux était des plus curieux.

Une foule de maisonnettes en roseaux, de formes et de hauteurs différentes, composaient un groupe pittoresque. Là, un peuple entier vivait à l'abri des palmiers et sous leur ombre bienfaisante. On eût dit un campement de soldats.

Au milieu était le bazar, ou pour mieux dire une large rue formée par des boutiques en terre, qui, bien alignées, et toutes pareilles, ressemblaient à autant de petites cages collées les unes aux autres.

Un peu plus loin, en plein soleil et méprisant le voisinage des arbres, s'élevait une grande maison blanche affectant la forme d'une caserne. C'était la demeure du gouverneur égyptien.

Nous entrâmes dans un certain nombre de cabanes pour en admirer l'ingénieuse construction. Assurément j'aurais préféré mille fois les habiter plutôt que de demeurer dans cette atroce maison blanche, bâtie sans doute par quelque architecte européen, peu au courant des exigences du climat.

Pendant nos visites, nous rencontrâmes le gouverneur qui buvait et fumait en compagnie de ses administrés. Avec sa redingote noire et son fez, il produisait un assez triste effet près des robes blanches des marchands. Lui et sa maison semblaient deux intrus dans le pays.

Je ne pus d'ailleurs me renseigner que très difficilement sur les fonctions de cet individu, qui n'a pas de soldats sous ses ordres, qui ne perçoit pas les impôts, qui ne rend pas la justice.

D'après ce que je compris, il remplit là une sorte de sinécure consistant à surveiller, sans en avoir l'air, les actes du cheik. Au surplus, devant ce dernier, il se faisait assez petit et ne prenait aucune décision sans le consulter. Cela s'explique, car, ici comme ailleurs, le gouverneur étant un fonctionnaire pouvait changer, mais le cheik, lui grand propriétaire, restait. L'un pouvait être remplacé facilement, l'autre, au contraire, était une puissance avec laquelle on devait compter.

De même que les grandes villes, Ouady-Alfa s'offre le luxe de posséder des almées; almées, hélas! bien dégénérées et dont la danse doit être le moindre des moyens d'existence.

Poussé cependant par le désir d'admirer quelque bel échantillon féminin du centre de l'Afrique, j'allai jusqu'à leur demeure que les pudibonds habitants de Ouady-Alfa ont eu le soin de reléguer à une certaine distance du village.

Pendant le trajet, je m'entretenais avec le guide, des chasses que nous pourrions faire dans cette contrée, quand tout à coup je sentis ma monture s'effondrer sous moi. Violemment lancé par terre, je ressentis une vive douleur à la tête.

Je me relevai péniblement et tout étourdi, pendant que le guide ramenait mon âne qui avait essayé de s'échapper après ma chute :

— Quelle peur vous m'avez faite! s'écria-t-il en me débarrassant du sable dont j'étais couvert; mais aussi, comment avez-vous laissé buter votre monture contre les rails du chemin de fer?

— Du chemin de fer! que diable me racontez-vous là?

Et je restai stupéfait quand il m'indiqua du pied un rail presque complétement recouvert par le sable.

Une voie ferrée à Ouady-Alfa! on me gâtait mon désert! Comment, en pleine Nubie, à plusieurs centaines de lieues d'Alexandrie, au milieu de populations sauvages, pouvait-on rencontrer une invention des plus modernes ?

Ce n'était pourtant pas une illusion, mais bien la vérité; aussi, un peu remis de ma chute, ce fut avec le plus grand sang-froid que je donnai l'ordre au guide de me conduire à la gare. Et c'est ainsi que sur mon âne, avec des babouches jaunes aux pieds, un casque indien sur la tête, une robe arabe sur le dos, un fusil en bandoulière, un parasol à la main, je m'apprêtai gravement à prendre le train.

Arrivé à l'endroit indiqué, nous trouvâmes en effet un matériel complet de chemin de fer: wagons et machines; mais tout cela sale et délaissé, comme tout en Égypte. Aucun gardien; pas un employé pour surveiller le matériel et inspecter la voie; l'abandon le plus complet. Heureux pays où le climat permet de laisser tout dehors et sans entretien!

J'avoue franchement que cette vue me refroidit considérablement : mes idées européennes sur les chemins de fer étaient encore trop fraîches pour que je pusse m'habituer tout d'un coup au laisser-aller nubien. Le mauvais état de la voie me semblait alarmant; j'apercevais des troupeaux de moutons et des chameaux cheminant à travers les rails comme sur une route ordinaire.

Aussi, quel ne fut pas mon étonnement lorsque, quelques jours après, étant à la chasse, j'aperçus un train passer près de moi avec une vertigineuse rapidité ! Sur son passage, le sable se soulevait en épais tourbillons et de tous côtés des animaux pris de peur fuyaient de la voie où précédemment ils avaient élu domicile.

Enfin, tout est bien qui finit bien! Dieu est grand!

On m'expliqua plus tard que ce tronçon de ligne avait été construit afin de transporter les marchandises qui, arrêtées par les rochers au-dessus de la deuxième cataracte, étaient ainsi transportées jusqu'au point inférieur du Nil, où on les rechargeait à nouveau sur des navires pour aller de là au Caire. Le chemin de fer n'avait donc que quelques kilomètres et ne roulait que sur la demande expresse d'un commerçant.

Tout cela m'avait fait oublier le but de ma course et ce fut le guide qui me fit penser de nouveau aux almées. Il eût été cependant malheureux pour moi de manquer cette occasion, car j'eusse été privé d'un curieux tableau de mœurs.

L'hospitalité que les almées offraient aux joyeux vivants de l'endroit était plus que primitive; elle devait être telle aux temps reculés où l'histoire nous montre les peuples campant dans les plaines de la Mésopotamie.

Deux simples treillages de roseaux, dont l'angle unique coupait la direction habituelle du vent, formaient l'habitation, au milieu de laquelle une femme se tenait accroupie. Une natte placée sur le sable, une couverture, quelques vases de terre et une petite lampe composaient tout le mobilier; vingt huttes semblables se succédaient ainsi. Sur mon ordre, le guide fit signe à une femme d'approcher, et à cet appel plusieurs sortant de leurs cabanes se réunirent autour de nous, et je pus les examiner à loisir.

Couvertes de tuniques sales et en guenilles, elles avaient un aspect misérable; cependant autour de leur cou on

apercevait un long chapelet de petites pièces d'or, et leurs poignets ainsi que leurs chevilles étaient surchargés d'anneaux d'argent. Ces richesses représentaient certainement une valeur de plusieurs centaines de francs, somme énorme en pareil lieu. Le guide me dit que c'était l'habitude de ces sortes de femmes de porter ainsi toute leur fortune sur elles.

Parmi ces malheureuses, en général vieilles et laides, j'en aperçus quelques-unes jeunes et bien faites. L'une surtout, très blanche de peau, me parut ravissante. C'était une Abyssinienne qui, de même que beaucoup de femmes de sa race, vendue ou volée dans son pays, avait été amenée en Égypte pour y devenir esclave. Arrêtée à Ouady-Alfa par les agents du gouvernement égyptien chargés d'empêcher ce commerce, elle avait été abandonnée par son maître, et était tombée dans la dernière abjection.

Triste voyage que celui de cette infortunée, cachée au fond d'une barque et descendant le cours du Nil, laissant tout derrière elle, et n'ayant pour toute espérance que l'esclavage dans un pays lointain et inconnu!

Après avoir distribué quelque argent à ces pauvres créatures, je rejoignis mon ami que je trouvai causant avec le gouverneur, et ensemble nous nous rendîmes chez le cheik, dont l'habitation s'élevait à quelque distance du village.

À mesure que nous approchions de ses domaines, le pays se montrait plus riche et plus peuplé; une foule de petites maisonnettes de terre apparaissaient, et la culture devenait plus soignée. Le coton, la canne à sucre poussaient magnifiquement et les palmiers eux-mêmes, moins ravagés, donnaient plus d'ombre. Devant nous se dressait une maison très vaste, entourée d'un mur élevé et ressemblant à un couvent : c'était celle du personnage important que nous venions visiter.

Nous étions attendus; le cheik nous reçut à la porte

de sa demeure. C'était un homme d'une cinquantaine d'années; entouré de ses frères et de ses fils, il avait fort bon air, et différait absolument de tous les fonctionnaires égyptiens que nous avions vus jusqu'alors.

Drapé dans son grand manteau blanc, il nous accueillit en grand seigneur qui connaît son importance; puis, nous faisant asseoir à ses côtés, il nous présenta ses frères et ses fils. Des femmes et des filles, il ne fut pas question, selon l'usage; mais aux ouvertures de la maison, nous pûmes apercevoir des visages se dissimulant de leur mieux, tout en attestant que la curiosité féminine est la même dans tous les pays.

Nous étions dans une vaste cour entourée de bâtiments en terre, lesquels, malgré leur simplicité absolue, offraient une certaine apparence de luxe, grâce à leur bon entretien. Une sorte de hangar, abritant l'endroit où nous étions assis, indiquait la place où le cheik donnait audience aux solliciteurs et nous aperçûmes une foule de ces derniers accroupis sur le sol attendant patiemment leur tour.

Près de notre hôte, un homme, son secrétaire sans doute, se tenait avec de gros registres. Évidemment, nous étions chez un grand personnage, auquel il ne manquait même pas une petite cour de flatteurs.

Lorsque nous prîmes congé de lui, l'interprète le pria, de notre part, de venir dîner le lendemain à la dahabieh. L'invitation fut acceptée et nous partîmes. Le cheik nous fit accompagner jusqu'au bateau par ses enfants, qui, en partant, nous offrirent, au nom de leur père, un joli petit agneau noir.

Le lendemain, vers trois heures, nos invités arrivèrent et, en attendant le dîner, nous nous amusâmes à leur montrer ce que nous supposions devoir les intéresser. Les frères du cheik, acceptant tout ce qu'on leur offrait, poussaient des cris d'étonnement à la vue de chaque objet. Lui, au contraire, gardait un air indifférent, presque dédaigneux. Il y avait dans ses manières une sorte de condescendance pour nous; il croyait évidemment nous honorer fort par sa présence. En tous cas, nous admirâmes son calme et sa dignité, qui allèrent même jusqu'à refuser nos présents.

Quand vint le dîner, l'embarras des invités fut extrême à la vue des fourchettes. Deux d'entre eux essayèrent de nous imiter, mais sans succès : aussi, après un moment d'hésitation, dépouillant tout respect humain, se servirent-ils carrément de leurs doigts.

Dans la pensée que nos musulmans ne voudraient peut-être pas boire de vin, nous avions fait placer à leur portée des carafes remplies d'eau; mais l'un d'eux expliqua au drogman que si le Prophète a défendu le vin à ses fidèles croyants, il n'a certainement pas parlé des liqueurs. Aussi, à l'exception du cheik qui s'obstina à boire de l'eau, les autres firent tellement honneur aux bouteilles de vermouth qui leur tombèrent sous la main, qu'ils en eurent bientôt vu la fin. Il était clair que ceux-ci avaient déjà apprécié les bienfaits de la civilisation.

L'alcool leur délia la langue, et bientôt la conversation s'anima ; le guide la traduisait tant bien que mal. Ils nous dirent le nombre de leurs femmes, de leurs enfants, et nous mirent au courant de leur position sociale; nous apprimes ainsi que l'un d'eux dirigeait le fameux chemin de fer dont j'ai parlé plus haut. Pour dire la vérité, c'était, de nos trois invités, celui qui payait le moins de mine ; il avait même la tête d'une affreuse canaille. Si tout le conseil d'administration lui ressemblait, ce devait être une réunion de gens bien dignes de figurer dans un certain nombre d'entreprises européennes !

Nos compagnons ne comprenant pas nos paroles, nous faisions, mon ami et moi, ces réflexions à haute voix, et nous riions de bon cœur à certaines questions extravagantes qu'ils nous adressaient, lorsque, à un certain moment, un bruit étrange sortit de la gorge et de l'estomac de l'un des invités, bruit qui fut immédiatement répété par les deux autres. Nous restâmes stupéfaits, mais l'interprète nous fit signe de modérer notre étonnement, car c'était de la part de nos hôtes un hommage ayant pour but d'exprimer toute la satisfaction qu'ils éprouvaient du bon dîner que nous venions de leur offrir.

Nous primes gaîment notre parti de la chose, et nous ne comptâmes bientôt plus les... compliments que nous adressaient nos invités, compliments qui devinrent plus fréquents à mesure que les plats se succédèrent.

La fin du dîner arriva, et le cheik ayant donné le signal

du départ, ses amis voulurent le suivre; mais ce ne fut pas sans peine qu'on pût les hisser sur leurs ânes. Enfin ils partirent au milieu des chants de nos matelots qui avaient illuminé la dahabieh et qui poussaient de joyeux hourras.

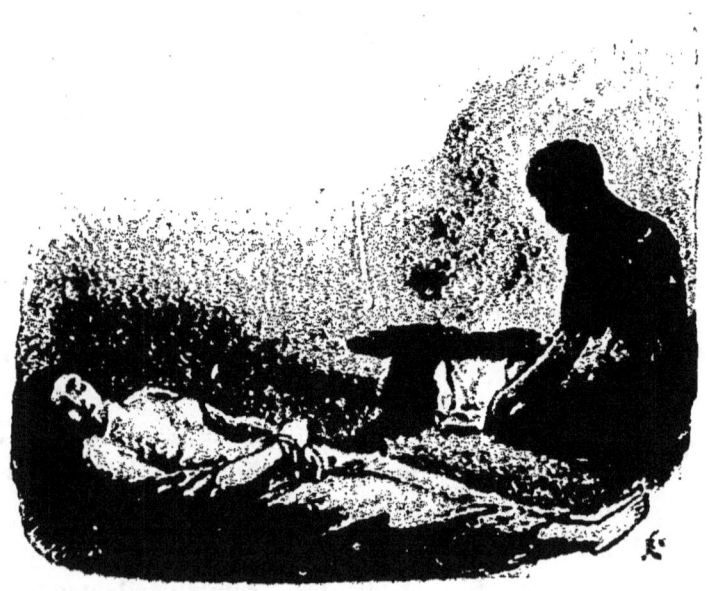

Esclave et sa gardienne sur un bateau du Nil.

ISMAÏLIA

ISMAILIA

Les deux fondateurs du canal.

La première pensée de tout Français qui débarque en Égypte, est d'aller visiter le canal de Suez et les gigantesques travaux exécutés par M. de Lesseps. Aussi, à peine a-t-on vu les principales curiosités d'Alexandrie et du Caire, que l'on s'empresse de se rendre à Ismaïlia, point central du canal creusé entre Port-Saïd et Suez.

Après six heures de chemin de fer, à travers les sables brûlants, on arrive enfin dans une charmante ville européenne, aux larges et grandes avenues plantées d'arbres, et formant un contraste enchanteur avec le pays abominable qu'on vient de parcourir : une oasis au milieu du désert.

Ismaïlia, avec ses pavillons consulaires de toutes les puissances, avec ses eaux courantes et son joli jardin qui forme le centre de la ville, offre un aspect ravissant. Partout on y entend parler français; on peut s'y croire chez soi.

C'est là que se trouve le siège principal de la compagnie, ainsi que le personnel des bureaux et des travaux.

Si vous entrez dans le principal hôtel de la localité, vous y apercevez quantité de pensionnaires, tous employés au canal, vous faites bien vite connaissance, car il suffit d'être Français pour être aussitôt accueilli en ami. On vous donnera tous les renseignements désirables pour votre excursion, et vous trouverez une inépuisable complaisance.

Mais si, par hasard, vous venez à prononcer le nom de Ferdinand de Lesseps, vous voyez une sorte d'enthousiasme illuminer tous les visages, et en quelques instants vous pouvez vous rendre compte des sentiments qu'un bon chef peut inspirer à ses subordonnés.

On parcourt la ville trop étendue et par conséquent un peu triste; on en admire les rues larges et bien plantées, les jardins et les villas, puis on termine la promenade par une visite au chalet de M. de Lesseps, habitation bien modeste et bien simple, mais témoin d'un labeur persistant, d'une inébranlable persévérance, et qui a reçu d'illustres hôtes.

Mais tout disparaît devant une idée obsédante : le canal.

C'est le canal qu'on veut voir ! et bientôt laissant Ismaïlia, vous gagnez le petit port.

J'eus l'heureuse fortune de pouvoir visiter tout en détail grâce à l'amabilité d'un ingénieur de la Compagnie, qui m'offrit une place dans la chaloupe à vapeur avec laquelle il devait remonter le canal et aller jusqu'aux lacs Amers.

Nous naviguions dans cette gigantesque tranchée qui sert de trait d'union à deux mers, et nous y croisions un grand nombre de navires traversant le canal. Ces énormes vaisseaux marchant à petite vitesse, chacun précédé de son pilote et se suivant à une centaine de mètres, produisaient un grand effet ; notre coquille de noix disparaissait presque auprès d'eux. Un grand transport de guerre anglais, revenant des Indes, et dont le pont était couvert de soldats, de femmes et d'enfants, présentait surtout un beau spectacle.

Toute cette flotte s'avançait avec une prudente lenteur; nous la perdîmes bientôt de vue, et arrivés aux lacs Amers, nous débarquâmes dans une des stations du canal. C'était un jour de paye: notre bateau apportait de l'argent, il fut doublement bien reçu.

Mais la fête devait être complète, car mon compagnon voulut bien me conduire jusqu'au phare, situé au milieu du lac, qui domine tout le pays, et du haut duquel on aperçoit les deux embouchures du canal.

A peine étions-nous arrivés que les navires qui venaient

de Port-Saïd, en se suivant à la file comme des soldats bien dressés, débouchaient enfin de la première branche du canal; ayant devant eux quelques kilomètres de véritable mer, et n'étant plus soumis à la règle qui leur interdit de se dépasser, chacun d'eux se lance à toute vapeur afin d'atteindre le premier l'entrée de la seconde section du canal.

L'importance de prendre la tête saute aux yeux, car les navires se suivant dans un couloir étroit, si l'un d'eux s'ensable, ceux qui se trouvent derrière sont obligés d'attendre qu'il ait pu se remettre à flot. Heureux donc le premier! Il n'a pas à craindre de se voir arrêté par l'échouage du navire qui le précède.

Nous pouvons nous croire les juges d'une immense joute nautique et l'aspect de cette course de vitesse est splendide. Lancés à toute vapeur, les bâtiments passent près de la tour; nous suivons les moindres détails de la lutte qui s'engage : les Messageries triomphent et nous applaudissons de tout cœur.

Nous revenons ensuite dans le canal, dont les talus élevés semblent se refermer sur nous.

Quelle persévérance et quelle force d'âme n'a-t-il pas fallu à celui qui a osé livrer un pareil combat à la nature!

Il a dû lutter chaque jour et pendant des années.

Tantôt c'est le vice-roi qui est contraire à l'entreprise et qu'il faut convertir à l'idée du canal; tantôt ce sont les actionnaires qu'effraye la masse des capitaux engagés ; ensuite viennent les complications diplomatiques : l'Angleterre qui, dans sa jalousie, excite la Turquie contre l'entreprise française et provoque la malveillance du gouvernement égyptien. Puis ce sont les difficultés matérielles : le nombre des travailleurs est formidable, il monte à quinze mille et même vingt mille. Il faut pourvoir à l'existence de tout ce monde-là, et plus de dix-huit cents chameaux sont employés aux transports ; pour l'eau seulement, la dépense monte à huit mille francs par jour !

Vient ensuite le choléra, qui exerce de terribles ravages dans les rangs de la petite armée de terrassiers. Enfin, au vice-roi Saïd succède Ismaïl et celui-ci retire les travailleurs égyptiens. A ces hommes habitués au climat et travaillant à vil prix, on est contraint de substituer des travailleurs européens.

La besogne est immense : il faut creuser au milieu du désert une tranchée de cent mètres de largeur sur une étendue de plus de 160 kilomètres. Des difficultés surgissent de tous côtés ; ce sont des bancs de rochers à faire sauter, puis cent millions de mètres cubes de sable à enlever et porter à distance.

Les sables et la vase des lacs retombent et comblent la tranchée obtenue avec tant d'efforts : tout est à recommencer !

Mais Ferdinand de Lesseps triomphe de tout, et voit enfin arriver l'heure du succès. Ce travail immense se termine en moins de dix ans, et le 17 novembre 1869, jour de l'inauguration, on put voir toute une flottille de grands navires à vapeur franchir le canal, et jeter l'ancre dans le lac de Timsah, en face d'Ismaïlia, où le vice-roi était venu recevoir ses invités. Rien ne fut épargné pour les fêtes que l'Égypte offrait aux représentants de l'Europe : on peut dire que de ce jour-là commença une ère nouvelle pour le pays.

Ce fut à cette époque, hélas! que pour la dernière fois le drapeau français passa en tête de tous les autres en appelant les peuples à la concorde et au progrès.

QUELQUES MOTS SUR L'ÉGYPTE

QUELQUES MOTS SUR L'ÉGYPTE

Que n'a-t-on point dit et raconté sur l'Égypte depuis quelque temps? Quel écrivain n'a pas tenu à juger un pays qu'il n'avait jamais ni étudié ni visité? Je ne veux assurément pas prétendre qu'il m'ait été permis d'approfondir tout ce qui a rapport à l'Égypte; mais de mon séjour dans cette contrée, j'ai pu rapporter au moins cette idée, que nul ne peut parler de l'Orient s'il ne l'a habité.

Plus on étudie, plus on se rend compte de son ignorance, a-t-on dit; cette pensée doit surtout s'appliquer aux pays du soleil. La vie y est si différente de la nôtre, les mœurs, le caractère des habitants nous offrent tant de sujets d'étonnement, qu'il faut nous défier de nous-mêmes, et d'un fait accompli là-bas ne pas tirer les mêmes conséquences que nous serions autorisés à le faire s'il se fût passé en Europe.

N'avons-nous pas chaque jour entendu parler, par exemple, du parti national égyptien? Des hommes considérables, par leur situation politique, n'ont-ils pas élevé la voix maintes et maintes fois pour soutenir cet élan national, qui, par les mains d'Arabi Pacha, devait rajeunir la vallée du Nil, et lui rendre son antique splendeur?

N'aurait-on pas cru qu'il s'agissait pour l'Égypte d'une révolution semblable à celle de 1789, et digne d'attirer l'attention et la sympathie d'un pays de liberté comme le nôtre!

Gardons-nous bien de juger les questions qui s'agitent en Afrique, avec les préventions dont notre cerveau d'homme du Nord est rempli. Il faut une éducation spéciale pour parvenir à comprendre l'Orient et les mille difficultés qu'un réformateur devra y surmonter.

Dans les nations civilisées, une sorte de nivellement a mis tous les habitants sur un même degré. Tous sont persuadés de leurs droits; et chaque gouvernement s'est efforcé d'élever le niveau des basses classes, afin de diminuer la distance intellectuelle qui pouvait exister entre ses administrés, sentant le péril qu'occasionnerait sans cesse une énorme masse ignorante, facile à égarer, et cependant appelée à donner son avis sur la marche des affaires de l'État.

En outre, les besoins de l'existence, durs et terribles dans nos froides contrées, ont poussé les hommes au travail; leur ont fait connaître les bienfaits de la propriété, en les immobilisant sur une parcelle de territoire, devenu ainsi pour longtemps le foyer de la famille, et ont développé en eux les idées de justice, de protection et d'association mutuelles.

Le sphinx vu de dos.

Rien de tout cela en Orient : la vie y est douce et facile ; nul besoin ne vient harceler les habitants qui peuvent se livrer à la mollesse que favorise d'ailleurs si bien la chaleur du climat.

Nul besoin de penser à l'avenir ; on ne meurt pas de faim ni de froid là-bas ; il faut si peu pour vivre. Viande, vin, spiritueux, tout cela est inconnu, inutile ou même nuisible. Nul besoin d'habitation confortable ni de vêtements coûteux, le climat se charge de tout.

A quoi bon par conséquent travailler pour acquérir? Mieux vaut laisser couler tranquillement ses jours dans le repos.

Et de cette indifférence pour la fortune découle l'indifférence en matière de justice. Je ne possède rien, inutile par conséquent de me tourmenter pour m'assurer protection; inutile de m'associer avec mes égaux pour résister à l'invasion du plus fort.

Le peuple croupit dans une ignorance profonde, et le gouvernement, loin de chercher à répandre l'instruction, a tout intérêt au contraire à laisser se prolonger cette triste situation. Pourquoi l'instruire, en effet? Il n'est pas consulté dans les affaires de l'État, il ne compte pas : plus son niveau intellectuel sera bas, moins il sera difficile à conduire et moins il pourra se rendre compte de la valeur de ses chefs.

Parlez à un Oriental des droits que tout homme possède : il ne comprendra pas, et vous perdrez votre temps à lui démontrer les bienfaits de notre organisation sociale. Tout consiste pour lui dans deux situations : être maître ou serviteur; et si ses rêves par hasard l'entraînent dans des pensées d'avenir, ne croyez pas que ce soient des idées

humanitaires qui l'agitent, c'est le bâton du commandement qu'il aperçoit. Il se voit maître et opprimant les autres à son tour.

Cette sorte d'échelle sociale qui existe chez nous, et permet au plus obscur citoyen de s'élever par son travail, son intelligence et son économie, de degré en degré jusqu'au sommet, n'existe point en Orient. Elle n'y est pas même désirée, car il faut déjà une certaine éducation du cœur et de l'esprit pour pouvoir la comprendre. Travailler longuement pour atteindre un but éloigné, exige une forte dose de courage ; et cette pensée ne peut venir à l'esprit d'un peuple qui sait que le plus court chemin pour arriver à la fortune est de plaire aux puissants et aux riches.

Aussi point de différentes castes formant comme une chaîne entre ces deux grandes distinctions : maître ou serviteur, riche ou pauvre, savant ou ignorant.

C'est pourquoi l'Égypte est semblable à un être, dont la tête serait infiniment petite et le corps énorme. Les organes essentiels et la source même de la vie sont dans cette minime partie qui doit tout faire, et de laquelle tout dépend ; tandis que le reste du corps n'est qu'un parasite qu'il faut toujours diriger et nourrir.

Quelle est cette tête ? de quels hommes éminents va-t-elle se composer, pour pouvoir accomplir un tel ouvrage et résister à tant de difficultés ?

Il leur faudrait une profonde instruction et une connaissance parfaite des affaires, afin que, pleins d'ardeur et de désintéressement, ils puissent consacrer leur temps à l'amélioration de la queue immense qu'ils traînent derrière eux. Malheureusement nous sommes forcés de reconnaître qu'ils sont bien loin de remplir ces conditions, et qu'ils ne possèdent pas les qualités nécessaires pour mener à bien la périlleuse mission dont ils sont chargés, car à l'exception de quelques privilégiés par la naissance et la fortune, c'est le caprice du maître qui les a fait brusquement sortir du milieu de la populace. Aussi tous se trouvent-ils sous la complète dépendance du sultan ou vice-roi qui, d'un mot, peut les laisser retomber dans la foule dont ils sont sortis.

Si la masse est basse et servile devant les privilégiés de cette caste élevée, ces derniers ne sont pas moins rampants devant le chef suprême qui personnifie l'État et qui, de cette façon, est vraiment le seul maître.

Il a de la bonne volonté d'ailleurs, ce chef absolu; mais pourra-t-il diriger cette masse énorme? Quel cerveau assez puissant pour transmettre une force d'impulsion à ce grand corps!

Certes, ce travail gigantesque trouverait presque insuffisants nos meilleurs hommes d'État et je ne vois même personne à notre époque pouvant se tirer honorablement d'une pareille tâche.

Commander à des hommes policés est déjà fort difficile; mais enfin, c'est possible; car on trouve autour de

soi des aides animés des meilleures intentions, qui peuvent soulager leur chef dans les détails, et lui faciliter la tâche ; de sorte qu'il n'aura qu'à penser et, assuré de l'exécution de ses ordres, confiant dans l'honnêteté de ses aides, il pourra sans souci se livrer aux études élevées qui demandent tant de calme et tant de liberté d'esprit.

Ses projets trouveront des hommes capables de les discuter et de faire entendre la voix de la justice, la louange ou le blâme.

Aussi, soutenu par les uns, critiqué mais en même temps éclairé par les autres, saura-t-il dans quel chemin il s'engage et quels dangers il va rencontrer.

Ici, au contraire, le chef suprême qui personnifie la nation est paralysé à l'exemple d'un cerveau privé de ce sang généreux que, dans un corps bien portant, le cœur doit envoyer. Il est paralysé forcément, car il lui faudrait une force d'intelligence et de volonté dépassant celle que possède toute constitution humaine. Il faudrait qu'il inventât tout, qu'il surveillât tout lui-même ; car il ne peut compter sur aucun secours, sur aucun aide.

Autour de lui rien n'existe de ferme ni de résistant. Tous ont été élevés par un caprice, et retomberont par un autre. Ils sentent qu'ils ne sont là que pour un temps limité, que leurs jours sont comptés ; ils veulent amasser au plus vite par crainte de l'adversité.

D'ailleurs, nés d'une esclave ou d'une femme de sérail sans instruction et absorbée par l'unique désir de plaire au maître, ils n'ont pu prendre de leur mère les grandes idées de dévouement, de patrie et de sacrifice à la chose commune.

Le père n'apparaît à son fils qu'en maître absolu et revêtu d'une majesté qui ne lui permet pas de s'abaisser jusqu'à former son intelligence : l'enfant est donc abandonné à lui-même, et s'il apprend quelque chose, ce sera par sa propre volonté.

Merveilleusement doué, comme le sont en général tous les Orientaux, pour l'étude des langues, il parlera assurément, plus ou moins, le français, l'anglais, l'italien, etc., mais il apprendra seulement ce qui lui sera nécessaire pour ses relations commerciales avec l'étranger; et vous pouvez être certain qu'il ne se livrera point aux études sérieuses qui seules peuvent donner à l'homme les qualités indispensables pour le commandement. La lecture du Coran et d'insipides contes ou romans arabes, voilà quelle sera l'occupation intellectuelle de la plus grande partie de la population.

Longtemps on a pu croire que la difficulté de se procurer des livres avait surtout contribué à cet état d'ignorance. On ne peut plus maintenant conserver cette illusion, car nombre de livres d'instruction ont été traduits en arabe, et cependant les seuls ouvrages qui se vendent appartiennent à la classe des romans scandaleux, dont la lecture est loin d'élever le cœur et l'esprit.

De plus, la classe dirigeante est non seulement peu nombreuse et sans instruction, mais elle manque encore totalement d'expérience.

Il ne peut en être autrement ; et c'est bien à tort qu'on a toujours parlé de l'habileté politique des Orientaux et de leur adresse diplomatique. A moins qu'on n'entende par habileté la ruse souple et rampante cherchant sans cesse à profiter des moindres occasions et à duper tout le monde, je ne puis me joindre à leurs admirateurs.

Comment pourraient-ils comprendre les innombrables questions auxquelles sont rattachées la fortune et la prospérité d'un pays, quand subitement arrivés au pouvoir sans études préparatoires, ils n'ont même pas pour eux l'expérience que donne l'habitude des affaires?

N'avons-nous pas vu, en effet, devenir premier ministre un esclave qui, acheté par un personnage influent, avait su par son adresse prendre une situation prépondérante dans l'État?

Or, à moins de rares exceptions, un homme parti de la plus basse classe peut-il en quelques années acquérir toutes les qualités? Peut-il être l'égal de celui qui a dû, lui ou ses ascendants, passer par une suite de stations intermédiaires dans lesquelles il sera familiarisé avec l'élévation successive de sa position?

Aussi le seul moyen que les chefs aient trouvé pour diriger la masse énorme qui les suit, consiste-t-il toujours à surexciter la passion religieuse et la haine de l'étranger?

Ces deux idées d'ailleurs n'en font qu'une ; et qui dit bon musulman désigne par cela même celui qui est tout prêt à lever l'étendard de la guerre sainte.

Il faut voir avec quel soin cette idée religieuse est propagée dans le peuple non seulement par les prêtres, mais encore par les gens influents qui, hélas! ont, à bon droit, toutes sortes de motifs de haine contre nous.

N'est-ce pas nous qui sommes venus dans le pays prêcher l'indiscipline, montrer au peuple l'ignorance de ses chefs, saper leur influence? N'est-ce pas avec nous qu'il faut partager les bénéfices et l'argent arraché aux fellahs?

Mais, détestés des grands, avons-nous su au moins nous concilier l'affection du peuple et lui avons-nous prouvé qu'en travaillant à l'abaissement de ses maîtres nous travaillions à son bonheur? Non; et là encore nous sommes parvenus par nos exactions à nous rendre plus odieux au peuple que ses anciens chefs qui, à défaut de bonté à son égard, avaient au moins la même origine, la même langue et la même religion.

Les impôts sont plus lourds que par le passé, les embellissements des villes, les routes, les chemins de fer, le service d'une dette publique énorme, tout cela se chiffre par une somme qui écrase le pays.

La classe riche, qui autrefois trouvait le moyen de s'exonérer de l'impôt, est obligée maintenant de se soumettre à la loi commune. Dans son mécontentement, elle excite la populace contre les représentants du fisc, qui sont européens, et lui fait ainsi englober tous les étrangers dans la haine aux employés de l'État.

Elle lui montre tous ces infidèles, maudits par le Prophète, profitant des réformes du pays, l'exploitant et, par une anomalie étrange, exemptés de l'impôt. Ils profitent à peu près seuls de toutes ces dépenses et ne contribuent pas à les payer. Ils ne viennent dans le pays que pour le pressurer et s'enrichir à ses dépens.

Voilà ce que la classe dirigeante raconte et persuade à ce peuple affreusement ignorant et abâtardi, qui se laisse conduire comme un enfant sous le coup de ces excitations continuelles, et qui, dans sa colère de brute, est capable de tout.

Poussé par le fanatisme religieux, par ses maîtres, par l'odieuse rapacité des Européens, rien ne l'arrêtera, même les plus grands crimes et les plus grands massacres.

Cette situation étant donnée, quel sera l'élément régénérateur dans un tel pays ? Voilà la grosse question qui partage l'opinion depuis de longues années.

Les uns prétendent que les pays musulmans doivent être abandonnés à eux-mêmes et que, par la seule force des choses, ils parviendront à un meilleur état de civilisation. Les principales familles égyptiennes envoyant leurs enfants en Europe, il est permis d'espérer qu'à leur retour, ces jeunes gens s'efforceront de répandre et de propager des idées nouvelles ; que, de plus, un certain nombre d'Européens s'étant établis dans le pays, on trouvera dans cette catégorie d'individus des aides pour le développement du progrès. Enfin, un grand homme naîtra peut-être dans le pays même; et prenant les rênes du gouvernement d'une main ferme, il introduira dans son peuple toutes les réformes désirables, sans rencontrer les obstacles que trouverait un étranger et un ennemi de la religion du Prophète.

D'autres bons esprits sont d'avis qu'on ne doit rien attendre des Orientaux et qu'il faut agir avec eux de la même façon que les Anglais avec les naturels de l'Amérique du Nord, c'est-à-dire faire disparaître la race indigène.

Ces deux systèmes sont parfaitement soutenables, et l'un, surtout le dernier, offre un grand avantage. Il est plus facile à mettre à exécution, plus prompt dans son but et surtout très réalisable.

Les terres du Delta, aux mains de travailleurs européens, donneraient des résultats remarquables et l'Égypte redeviendrait bientôt le grenier du monde. On repousserait peu à peu les Arabes dans le désert en ne conservant que la contrée fertile et susceptible d'être habitée par les Européens.

Mais ces idées de conquêtes sanglantes et de massacres sont bien faites pour effrayer celui qui ne voit dans la civilisation qu'un moyen d'apporter la liberté et le bien-être.

Aussi le premier système me séduirait bien davantage, si malheureusement je ne le savais absolument irréalisable; car c'est une idée fausse que de croire à la régénération de l'Égypte par le contact des colons que nous y envoyons ou par la venue de quelques Égyptiens parmi nous.

Il est facile de constater en effet le peu de résultats obtenus par ces jeunes gens, et il suffit de voir à quel genre d'études ils se livrent en général à Paris, pour être fixé sur le bagage scientifique qu'ils emporteront à la suite de leur court séjour parmi nous: quelques vices de plus, voilà tout.

Quant à croire qu'un grand homme pourrait relever le pays, l'exemple de Méhémet-Ali et de Mahmoud, ne réussissant qu'à finir d'énerver leur peuple en lui enlevant ses anciennes qualités sans lui en donner de nouvelles, suffit pour démontrer l'inanité d'une semblable idée.

Ce n'est pas non plus les colons que nous envoyons en Égypte qui contribueront à relever le pays, rien n'étant plus propre au contraire à dégoûter les Orientaux de notre civilisation. Car, il faut bien l'avouer, à l'exception de très honorables familles forcées par un motif quelconque de séjourner au Caire ou à Alexandrie, on ne peut se faire l'idée du ramassis d'aventuriers de tous les pays qui se sont abattus sur l'Afrique. Tous les gens véreux de nos contrées, tous ceux qu'un motif chassait d'Europe ou qu'une soif ardente de fortune obsédait, se sont donné rendez-vous ici pour exploiter ce pauvre peuple. On ne voit que banques de toutes sortes et de toutes nationalités, on ne parle qu'agiotage et opérations de bourse, on pressure les malheureux fellahs avec une telle sauvagerie qu'on se croirait en pays conquis.

Chaque Européen est venu pour s'enrichir à tout prix et le plus vite possible; tout moyen lui est bon; il sait qu'il n'est là que pour quelque temps; il désire s'en retourner bien vite chargé d'or, et agit en conséquence.

Avec de telles tendances, dans un pays où fleurit le baghchich et où tout s'achète, même la justice, figurez-vous ce que cela doit être?

Aussi quelle haine profonde le peuple entier ressent-il pour cet étranger rapace et cruel qui est venu s'adjoindre à ses anciens chefs pour lui sucer le sang comme une bête parasite!

Pas une entreprise qui ne soit dans la main des Européens, pas une place qu'ils n'aient accaparée. Partout ce n'est que monopole ou privilège : certaine banque même autrefois poussait l'effronterie jusqu'à stipuler qu'elle seule aurait le droit de prêter au gouvernement ; et c'est elle qui fixait le taux! Une autre société possède à elle seule une partie des terres du Delta... C'est un vaste champ de pillage dans lequel on prend sans pudeur. Quant au contrôle, il est aux mains d'Européens qui n'ont pas la moindre connaissance des affaires, mais émargent d'énormes traitements qu'ils dépensent dans l'oisiveté.

Quelle profonde tristesse envahit le cœur en voyant ce pays, si merveilleusement doté par la nature, dans un tel

état de désordre! Tout y attache, tout y séduit cependant, et nul ne le quitte sans un vif sentiment de regret. Le ciel y est si beau, la terre si fertile, les souvenirs si grands! Quel dommage que la lie de l'Europe se soit abattue sur ces rivages!

Si on veut avoir une preuve frappante de ce que j'avance, rien n'est plus facile et l'on n'aura qu'à regarder ce que sont devenus les Arabes continuellement en fréquentation avec les Européens, je veux dire les marchands, les Juifs, les Syriens, les employés, les interprètes, les domestiques, les âniers. Quels gens immondes comme moralité, et combien inférieurs aux fellahs! Voilà en général l'effet du contact de l'Européen, voilà le résultat du séjour de l'étranger. Après un tel essai, le doute n'est plus possible et jamais on ne pourra faire croire que le rebut de nos contrées puisse avoir une influence moralisatrice en Égypte.

Mais alors que faire? me dira-t-on. Il est impossible cependant de laisser un pays dans une telle situation.

Ce qu'il faut faire, c'est aller moins vite en besogne et ne pas vouloir changer d'un seul coup le caractère d'un peuple.

Ce n'est pas en envoyant les moins bons d'entre nous propager nos idées et nos mœurs; ce n'est pas en attirant dans nos pays quelques-uns des enfants des plus riches familles, pour en faire des prosélytes en notre faveur; ce n'est pas en leur inculquant à la hâte nos idées que nous arriverons à reconstituer cette nation; car ce qui lui manque surtout, ce sont les grands sentiments de justice, de liberté, de désintéressement et de patriotisme sans lesquels il n'y a pas de peuple possible.

Or, pour parvenir à introduire ces idées fondamentales, il faut bouleverser tout ce qui existe et s'en prendre à la constitution de la famille et à la religion.

Le mahométisme est, en effet, l'obstacle insurmontable contre lequel tout réformateur se brisera. Autant cette religion a pu jadis avoir raison d'être chez un peuple guerrier et conquérant comme les Arabes, autant maintenant elle est devenue une raison de faiblesse et d'inertie. Elle a réduit l'instruction à quelques notions élémentaires sans importance, et la principale occupation du maître sera de faire apprendre aux enfants quelques pages du Coran ; elle a prohibé, comme contraires aux lois du Prophète, toutes les études qui ont conduit les autres peuples dans la voie des découvertes et des progrès. Elle a enfin établi la famille sur les bases qu'elle possède encore actuellement ; or c'est là le plus grand des maux dont souffre l'Orient.

Le mahométisme écarté, nous voyons de plus apparaître un nouvel élément dans le pays : la femme, sans laquelle rien de sérieux ne peut être fait quand il s'agit d'éducation et de moralisation.

La femme, c'est-à-dire la moitié de la population qu'on a laissée à l'écart comme un objet de luxe n'ayant de valeur que par sa beauté ; la femme, qui, d'être frivole, paresseux et insouciant, devient l'égale de l'homme.

Une fois sa compagne et son associée, débarrassée de la crainte perpétuelle de se voir supplantée par une rivale, elle prendra la direction de la maison devenue sienne, et aura tout intérêt à accroître la prospérité du ménage. Son degré intellectuel s'élèvera forcément afin d'être à la hauteur de celui dont elle est l'égale; et l'enfant, dans ce milieu plus digne et plus moral, verra grandir son intelligence. Enfin l'instruction, remise au niveau qu'elle doit avoir, trouvant déjà dans l'enfant un terrain tout préparé, pourra y jeter ces grands sentiments de justice et de dévouement qui sont indispensables.

Une fois cela acquis, le reste n'est plus rien et viendra de lui-même.

Ne croyez pas d'ailleurs que ce soit une pensée idéale, un rêve irréalisable; l'essai est déjà fait, il est sous nos yeux.

Rien de plus frappant en effet que les résultats obtenus par les écoles européennes d'Alexandrie et du Caire; le gouvernement égyptien lui-même en a été tellement émerveillé, que, loin de les combattre, il les a encouragées de toutes les façons.

J'ai tenu à visiter un certain nombre de ces écoles et j'ai été particulièrement surpris des résultats obtenus par les Frères de la Doctrine chrétienne, qui comptent déjà leurs élèves égyptiens par centaines et se louent hautement de leur zèle et de leur intelligence. Contraste bizarre : c'est le vice-roi qui est le protecteur des écoles chrétiennes, c'est un zélé musulman qui soutient ces prêtres que nous avons chassés !

Mais ce qui prouve encore plus combien le sentiment d'une réforme complète s'impose à tous, c'est l'empressement des principales familles égyptiennes à faire élever leurs filles à l'européenne afin de leur assurer pour plus tard une position particulière dans leur ménage. Aussi de nombreuses institutions pour les jeunes filles se fondent-elles journellement en Égypte et parmi elles une célèbre maison de France : je veux parler de celle qui dirigeait les couvents de la Légion d'honneur et qui, depuis son expulsion, a ouvert deux maisons au Caire et à Alexandrie.

Non seulement leurs élèves se recrutent dans les rangs de la colonie européenne, mais déjà de très nombreuses familles égyptiennes y envoient leurs enfants ; j'ai pu même y voir une jeune princesse de la famille royale.

D'ailleurs toutes ces institutions, avec leur tact habituel, ont bien compris où était le nœud de la question et tous leurs efforts sont dirigés dans le but unique d'avoir le plus d'élèves indigènes possible. Elles contribuent ainsi, sur la terre étrangère, dans une large mesure, à faire connaître et aimer le nom de la France.

Voici, à mon avis, le seul moyen de régénérer l'Égypte : il faut du temps et de la patience. La prochaine génération sera meilleure, la suivante sera bonne.

TABLE

	Pages.
En Dahabieh	3
Le Bazar	27
Une Audience du Vice-Roi	41
Fête des Paysans	45
Une Journée au Caire	53
Soirée chez le Consul	85
Locqsoor	97
Les Tombeaux des Rois	103
Une Nuit de Noel a Karnac	117
Et ces Dames?	125
Nos Gens	137
Mohamed	149
Noce nubienne	157
Chasse au Crocodile	171
Diner a Ocady-Alfa	181
Ismaïlia	197
Quelques Mots sur l'Égypte	207

IMPRIMÉ

PAR

GEORGES CHAMEROT

19, RUE DES SAINTS-PÈRES, 19

PARIS

Paris. — Typ. G. Chamerot

www.ingramcontent.com/pod-product-compliance
Lightning Source LLC
Chambersburg PA
CBHW060131170426
43198CB00010B/1124